発見と創造の数学史
情緒の数学史を求めて

情緒の数学史を求めて

発見と創造の数学史

高瀬正仁

萬書房

定義が次第に變つて行くのは、それが研究の姿である。（岡潔）

はじめに

　数学という学問には人の心を惹きつけてやまない神秘的な魅力がたたえられています．ところが実際に学ぼうと志して数学書をひもとくと，大小無数の困難が雲のように立ち現れて，たちまち行く手をはばまれてしまうのは，数学に心を寄せる人びとのだれもが共有する体験なのではないでしょうか．定義の文言が語りかけてくる事柄の意味をつかむのは至難ですし，精密で細やかな論証の鎖をたどっていくのは大きな忍耐を要する作業です．いかにもむずかしい学問で，涙なくしては学べないというほどの感慨に打たれることもしばしばですが，それでもなお数学の魅力が消えることはありません．では，数学の魅力とむずかしさは何に由来しているのでしょうか．そんな素朴な疑問に答えたいと願いながら，本書を書きました．

　定義の文言の意味するところをつかもうとするとたちまち大きな壁に直面するのは，数学の学びにおける日常の光景です．一例を挙げると，微積分の入り口には「実数の定義」が控えています．デデキントのアイデアに由来する「有理数の切断」やカントールのアイデアの「有理数のコーシー列（の同値類)」などが語られて，それらをそのまま「非有理数」と呼ぶと宣言されるのですが，切断は有理数の集まりの組であり，コーシー列は数列の一種なのであって「数」ではないのですから，いかにも面妖で，寄る辺のない心持ちになってしまいます．また，関数の連続性は「イプシロン＝デルタ論法」と呼ばれる語法によって規定されますが，その文言は日常語からあまりにも隔絶しているために連続性のイメージが伴わず，そのためにまたしても途方に暮れてしまいます．

　数学の言葉はひたすら日常語から離れようとしているように見えるのです

が，どうしてなのでしょうか．日常語の恣意性を避けて厳密化に基づく普遍性をめざすためという説明を目にすることもありますが，それならなぜ厳密化をめざすのだろうという疑問も発生します．あるとき多変数関数論研究で知られる岡潔先生の古い日記を閲覧していたおりに，実に興味の深い言葉に出会って目を奪われたことがあります．それは，

　　　定義が次第に變つて行くのは，それが研究の姿である．

という言葉です．典拠は表紙に「研究ノ記録　其ノ六」と記入されたノートで，日付は「昭和 20 年 12 月 27 日」．すでに 70 年余の昔の記録です．このような岡先生の言葉に誘われてあれこれと思索を重ねてきたのですが，数学という学問において「実在しているもの」というのは定義を書き下すことによってはじめて存在する何物かなのではなく，定義というのはかえって実在感のまとうさまざまな衣裳なのでないかと，このごろ考えるようになりました．デデキントもカントールも衣裳のデザイナーであり，この二人のほかにもいろいろなデザインが考案されました．

　ひとたびこの考えに立つならば，数学を理解するということの真実の意味合いもまた諒解されます．実数を理解するというのは，その実在感をデデキントやカントールと共有することにほかならず，その根底には人が人に共鳴するという，神秘的な場が広がっています．言葉で記述された数学の諸概念はみなこのようにして生れました．「定義から」出発するのではなく，「定義まで」の情景に共鳴するところに，数学という学問の秘密が宿っています．

　西欧近代の 400 年の数学史を顧みると，デカルトとフェルマから始まって，ライプニッツ，ベルヌーイ兄弟（兄のヤコブと弟のヨハン），オイラー，ラグランジュ，ガウス，アーベル，ガロア，コーシー，フーリエ，ヤコビ，ディリクレ，クロネッカー，クンマー，ヴァイエルシュトラス，リーマン，デデキント，カントール，エルミート，ポアンカレ，クライン，ヒルベルトと続

はじめに

く玉の緒のような流れがありありと目に映じます．日本の二人の数学者，高木貞治先生と岡潔先生も仲間に加えたいと思いますが，この流れに心身をひたすところに数学史の醍醐味があり，同時に数学という学問を真に理解する唯一の道がそこに開かれていくと信じます．

　本当は数学の歴史の流れに起った出来事のすべてを取り上げたいのですが，本書は微積分と代数関数論に素材を求めてごく一端を語るだけにとどめました．最後に岡潔先生と文芸評論の小林秀雄の対話の一部を紹介しましたので，小林秀雄の的を射た発言に誘われるままに紡がれていく岡先生の「情緒の数学」の姿を鑑賞してほしいと思います．

目　　次

はじめに　v

第1章　解析学の厳密化をめぐって ……………………… 1

1. 数学の実在感　2

   数学の魔力と数学の壁　2／実在感が数学を支える　4／実数
   の話の続き　7／解析的表示式　9／演算とは何か　11／1価
   対応の規則　14／関数の連続性などをめぐって　16／数学者
   たちの「青春の夢」に寄せて　18

2. 連続関数を求めて　19

   オイラーの連続関数の印象　19／オイラー全集を渉猟して連
   続関数を探索する　21／解析的表示式から連続関数へ　24／
   リーマンの学位論文より　26／リーマンの複素関数　29／オ
   イラーの微分とリーマンの関数　33

3. 解析学の厳密化とは何か　34

   コーシーの『解析教程』　34／コーシーが開いた微積分の世界
   の風光　37／実数の連続性　38／厳密化の契機をめぐって
   41／厳密化の契機をめぐって（続）　44／コーシーの連続関数
   46／イプシロン＝デルタ論法をめぐって　49／定義の文言の
   歴史的背景を見る　52／「厳密な解析学」の退屈さ　53／ヨ
   ハン・ベルヌーイからオイラーへ　55／オイラーの三つの関

ix

目　次

数　56／関数の連続性と微分積分の可能性をめぐって　59／
「定義する」ということ　62／関数の連続性を言い表す方法を
めぐって　63

4. 解析関数の世界　65

曲線をこえて　65／再びリーマンの学位論文へ　67／解析的
表示式とリーマンの関数　69／高木貞治先生の言葉「玲瓏な
る境地」の味わい　72／今日の目から見た高木貞治『解析概
論』の意義　75

コラム「コーシー＝リーマンの和」　5／コラム「オイラーが
例示した代数関数　12／コラム「関数が微分可能とは」　25
／コラム「オイラー積分の例」　28／コラム「フーリエ級数」
31／コラム「連続関数列の極限は連続か．アーベルが指摘し
たコーシーのまちがい　39／コラム「イプシロン＝デルタ論
法」　51

第2章　代数関数論のはじまり ……………………………79

1. アーベル関数論への道　80

実関数と解析関数　80／リーマンのアーベル関数論　81／
リーマンのリーマン面とワイルのリーマン面　82／リーマン
面上のアーベル積分　84／代数関数論とロゼッタストーン
87／代数関数と超越関数　89／代数的なものと超越的なもの
90／代数関数の表示をめぐって　92／代数方程式の根の公式
について　94

目　　次

2. 代数的微分式の積分　96

オイラーとラグランジュ　96／ラグランジュとガウス　99／数学のきずな　100／微分式の積分の可能性について　101／変数分離型微分方程式の代数的積分　103／楕円積分と楕円関数　105／微分式の積分の存在証明の考察　107／微分積分学の基本定理をめぐって　109／コーシーの解析学　111／コーシーの心中を忖度すると　112／定積分と不定積分　113／原始関数と不定積分　116／連続関数の世界　118／コーシーの魅力と退屈さ　120／回想と展望　120

3. レムニスケート曲線から楕円積分へ　123

ペテルブルクからの手紙──ニコラウス・フスとガウス　123／ハインリッヒ・フスとアーベル　125／アーベルの「不可能の証明」をめぐって　126／ガウスとルジャンドル　128／平方剰余相互法則をめぐって　132／ガロアのガロア理論と今日のガロア理論　135／レムニスケート積分を見て　137

4. レムニスケート曲線とレムニスケート積分　139

ファニャノのレムニスケート積分論を思う　139／ベルヌーイ兄弟に始まる　141／レムニスケート積分をレムニスケート積分に移す変数変換　142／レムニスケート曲線の等分理論　145／歴史的主観について　148／ファニャノの等分方程式　150／ジュリオ・ファニャノ　151／レムニスケート積分の加法定理　152／レムニスケート積分とレムニスケート関数　154／客観的認識は創造を生まない　157／見るものと見られるもの　159／アーベル積分の加法定理　162／第1種楕円積分の逆関数　163／円周等分方程式論の回想　165／数論と円

xi

目　次

周等分方程式論　166 ／数論と楕円関数論　168

5. 「マゼラン海峡」の発見をめざして　172

アーベルの手稿　172 ／虚数乗法論の芽生え　173 ／「2頁の大論文」　175 ／クレルレの友情　176 ／解ける問題と解けない問題　178 ／ガウスの一番はじめの継承者　179 ／楕円関数研究に向う　182 ／デゲン先生のアドバイス　184 ／「パリの論文」の行方　186 ／論理と情緒　188

コラム「リーマン球面」　85 ／コラム「オイラー全集の概要」　98 ／コラム「ペルの方程式」　99 ／コラム「平方剰余相互法則」　130 ／コラム「巡回方程式とアーベル方程式」　134 ／コラム「レムニスケート曲線の一般2等分方程式」　146 ／コラム「素数の形状理論」　160 ／コラム「ガウスの和」　169 ／コラム「ヒルベルトの第12問題」　171

第3章　多変数関数論と情緒の数学 ……………… 191

1. 数学の抽象化とは何か　192

岡潔先生の言葉　192 ／マッハボーイ　194 ／連続体仮説　196 ／「抽象的な数学」をめぐって　198 ／感情が土台の数学　200

2. 情緒の世界　202

数学のリアリティ　202 ／計算も論理もない数学　205 ／数学と詩，数学者と詩人　208 ／「証明不能」の証明について　209 ／論理主義者たち　210 ／情緒の世界　212 ／「情緒の数学」と今日の数学　214

目　　次

3.　ガウスの数論　216

　　岡潔先生のエッセイを読んだころ　216 ／主観的内容と客観的
　　形式　218 ／数学の「意味」の消失をめぐって　218 ／デジタル
　　とアナログ　221 ／古典研究の動機　223 ／4次剰余の理論　224
　　／無から有を生む（第1の例）　226 ／ガウスの数論と「情緒の
　　数学」　228

4.　レムニスケート曲線の発見　230

　　等時曲線　230 ／イソクロナ・パラケントリカ（側心等時曲線）
　　231 ／レムニスケート曲線の発見　232 ／無から有を生む（第2
　　の例）　233

5.　ハルトークスの逆問題からリーマンの定理へ　234

　　ハルトークスの逆問題の回想　234 ／岡潔先生と多変数関数論
　　236 ／岡先生の遺稿「リーマンの定理」　237 ／リーマンのよう
　　に　238 ／主問題の創造　241 ／レビの問題の回想　244 ／ハル
　　トークスの逆問題の創造　245 ／数学の歴史的性格について　247

　　数学者紹介　251
　　参考文献　259
　　落穂拾い──ゴローさんへの手紙（あとがきにかえて）　263
　　索　　引　267

xiii

第1章

解析学の厳密化
をめぐって

数学の実在感
連続関数を求めて
解析学の厳密化とは何か
解析関数の世界

第1章　解析学の厳密化をめぐって

1 ── 数学の実在感

数学の魔力と数学の壁

　数学という学問には，単に魅力というよりも魔力という言葉が相応しい不思議な力が宿っています．数学に心を惹かれる人はあらゆる年齢層にわたって非常に多く，物理や化学の書物に比して数学書の売れ行きもまた良好のようですし，日本評論社の数学誌『数学セミナー』や現代数学社の『現代数学』，サイエンス社の『数理科学』のように，数学を愛好する人びとを対象とする月刊誌も出ているほどで，しかもいずれも相当の部数が刊行されている模様です．

　ところが，実際に数学を学ぼうとして数学書をひもとくと，たいていの場合，非常に高い壁にはばまれて，読み通すのが困難になってしまいがちな傾向も目立ちます．数学に人の心を惹く力が備わっているのはまちがいないとしても，学ぶのはきわめてむずかしく，魅力と学習の間に極端に大きな断層があるという印象をつねに受けるのですが，この現象は何に由来するのでしょうか．

　一般に啓蒙書という名で呼ばれ，数学に心を寄せる人びとを念頭に置いて執筆される数学書も非常に多彩で，多種多様な領域に広がっていますが，数学そのものの内容に多少とも深く足を踏み入れようとすると，数学書の読解を志す人の前にいつも必ず立ち現れる，あの「数学の壁」に行く手をさえぎられ，先に進めなくなってしまいます．そのためであろうと思いますが，いわゆる啓蒙書で取り上げられる数学は概して初等的であり，記述も薄くなりがちです．一例として数学史を取り上げて，その叙述様式について考えてみると，数学そのものの豊富な記述がなければ数学史とは言えませんし，数学の内容に踏み込んだ記述が増えると読み通すのが困難になります．この矛盾

2

1. 数学の実在感

した状況を解消するにはどのようにしたらよいのでしょうか.

数学史の書物のみならず, 一般に数学書を読む際のむずかしさの原因として真っ先に挙げられるのは「数式」の存在ではないかと思います. 微分積分学の場合を見ても, 関数を無限級数に展開したり, さらに無限積に変形したりする計算が始まると, 追随する足取りは次第に遅くなっていくものですので, この見方にはたしかに一理があります. ですが, 実は数式は真の原因ではないのではないかと, このごろ考えるようになりました. 数学に心を惹かれる人たちにとって, たとえどれほど大量の数式が長々と繰り広げられようとも, 数式程度のことがどうして困難でありうるでしょうか. 数学書解読の意志をくじくのは数式ではなく, いわんや論証のプロセスを追うことでもなく, 数学書に内在する真の困難は実は「定義」にひそんでいるのではないでしょうか.

数学の諸概念は定義により規定されますが, 定義の文言それ自体は簡明で, あいまいなところはありません. だれが読んでもただひととおりの解釈しか許しそうにないのが数学の定義の姿なのですが, 「知」が受け入れても「情」が拒絶するというか, 簡単明瞭であるべきであり, しかも実際に簡明な姿で現れる定義の中味がなぜかしら全然頭に入らないこともしばしばです. 数学書をひもとくとすぐに一系の定義に遭遇します. そこで, これらの定義のひとつひとつは何を意味するのだろうとか, どうしてこのように定義するのだろうとか, だれしもついつい定義の意味を考えようとするのではないかと思います. ですが, この試みはたいてい破綻します. なぜかというと, 定義の文言にはもともと意味がないからです. 定義に意味を求めるのは「情」のおもむくところではありますが, それはいわゆる「ないものねだり」なのですから, 探しても見つかりません. 言い換えると, 「知」と「情」が乖離してストレスを誘発し, 先に進もうとする意欲が急速にくじかれてしまうのではないでしょうか.

3

第1章　解析学の厳密化をめぐって

実在感が数学を支える

　数学の現場を渉猟すると，「知」と「情」が大きく乖離する現象がいたるところで観察されて，そのつどたえがたい困惑にまきこまれてしまいます．微積分に一例を求めると，今日の微積分は「有理数の切断」をもってする実数の定義に始まり，それから「イプシロン＝デルタ論法」と呼ばれる表現様式による極限の定義と関数の連続性の定義，関数の微分可能性の定義，「コーシー＝リーマンの和」（コーシーの次の世代のリーマンの積分論の影響を受けて，今日では単に「リーマンの和」と呼ばれることが多くなりました）の収束性の考察に基づく定積分の定義など，きわめて抽象度の高いいろいろな定義に次々と出会います．どのひとつを見てもにわかに受け入れがたいものがあり，追随していくのは容易ではありませんが，定義の文言はみな単純明快ですし，抽象の度合いがどれほど高くとも知的に諒解するのに困難はないのですから，「情」が「知」の働きを抑制して受け入れを拒絶させているのであろうと察せられます．きれいに飾られていて，栄養価も高いのかもしれませんが，何の味もしない料理を食べさせられているような感じでしょうか．

　実数を定義するのに「有理数の切断」をもってする流儀は 19 世紀のドイツの数学者デデキントに由来します．デデキントの生年は 1831 年．生地はガウスと同じブラウンシュバイクです．『連続性と非有理数』（1872 年），『数とは何か，何であるべきか』（1888 年）という刺激的な書名をもつ著作があります．早くから邦訳もあり，二つの著作を合わせて 1 冊になって岩波文庫に入っています．『数について――連続性と数の本質』（訳：河野伊三郎，1961 年）という小さな書物です．

　自然数からはじめて整数から有理数，すなわち分数へと進み，ここまではひとまず既知として，たとえば非有理数（無理数と同じです）$\sqrt{2}$ や円周率 π を考えるときにそのつど「有理数の切断」を思い浮かべることはありえないと思います．「有理数の切断」それ自体は簡明な定義であり，誤解が発生する余地はありませんが，他方，デデキントが概念規定を試みる前に実数はす

4

1. 数学の実在感

【コラム】コーシー＝リーマンの和

　『定本 解析概論』の第3章，第30節「定積分」の記号法に沿って紹介します．$f(x)$ は実数直線上の有界閉区間 $[a,b]$ において与えられた関数とします．区間 $[a,b]$ 上に $n-1$ 個の点 $x_1, x_2, \cdots, x_{n-1}$ を指定して，この区間を n 個の小区間に分割します．これを

$$(\Delta) \qquad a < x_1 < x_2 < \cdots < x_{n-1} < b$$

と表記します．n 個の小区間の幅を

$$\delta_i = x_i - x_{i-1} > 0 \quad (i = 1, 2, \cdots, n)$$
$$ただし，\ x_0 = a, x_n = b$$

と表記し，各々の小区間 $[x_{i-1}, x_i]$ から任意の点 ξ_i を取り，和

$$\sum_{\Delta} = \sum_{i=1}^{n} f(\xi_i)\delta_i$$

を作ります．これが関数 $f(x)$ に対する「コーシー＝リーマンの和」です．分割 Δ を限りなく細かくしていくとき，対応するコーシー＝リーマンの和がある一定の極限に近づくなら，その極限値を「区間 $[a,b]$ における $f(x)$ の定積分」と呼び，これを

$$I = \int_a^b f(x)dx$$

と表します．

　　　　（出典：髙木貞治『定本 解析概論』岩波書店，2010年，102 – 103頁.）

でに広く認識されていたことはまちがいありません．デデキント自身にしても，もしかしたら実数は存在しないのではないかという疑いを抱いたわけではなく，存在それ自体は確信したうえで，表現様式を工夫して「有理数の切断」というアイデアに到達したのでした．実数というものを天然自然のものとして受け入れるのではなく，何かしらデデキントの心に働きかけて，実数を自分の手で創造しなければならないという気持に誘うものがあったのです．

　試みに $\sqrt{2}$ という非有理数を把握するにはどうしたらよいだろうと，デデキントとともに考えてみたいと思います．有理数の切断を作るのですが，平方すると 2 より大きくなる正の有理数の全体を A_2 とし，A_2 に所属しない有理数の全体を A_1 で表すと，有理数の全体が 2 組に分たれて，しかも両者に共有される有理数は存在しません．そこで A_1 と A_2 の組（A_1, A_2）を作ると，これは有理数の切断の一例です．そうして A_2 に所属する最小数は存在せず，A_1 に所属する最大数もまた存在しないのですから，A_1 と A_2 の間にはあたかも「すきま」があるような感じがします．その「すきま」において新たな数が認識されるというふうに考えたいのですが，デデキントはもっと明確に「切断（A_1, A_2）により何かある非有理数が創造された」という言い方をしています．この場合，こうして規定される非有理数とは $\sqrt{2}$ のことにほかなりません．$\sqrt{2}$ という実数がこの切断を引き起こすと見るのではなく，手元には有理数だけしかないとしたうえで，この切断を通じて有理数ではない何らかの数が創り出されたと想定し，それを $\sqrt{2}$ という記号で表そうという考えがここに表明されています．

　いかにも不思議な手順ですが，デデキントにはデデキントに固有の理由がありました．それは無限小解析，すなわち微積分の完全に厳密な基礎を見出だしたいという「知」の要請に応えることで，その基礎というのは「実数の連続性」にひそんでいるというのがデデキントの思索の到達点でした．そこで「実数の連続性」を簡明に把握することを可能にしてくれる実数の定義を

1. 数学の実在感

確定する必要に迫られて，熟考の末に「有理数の切断」という言い回しにたどりついたのですが，それはそれとして，「実数とは何か」という問いをあらためて問わなくとも，$\sqrt{2}$ や円周率 π は古くから認識されていました．単位正方形，すなわち一辺の長さが 1 の正方形を描くとき，その対角線に「長さ」が実在することに疑いをはさむ余地はありませんし，π の実在感は，円の直径と円周の相互比がつねに一定であるという数学的発見に支えられていて，決して揺るぎません．デデキントはまったく架空の概念を規定したのではなく，定義が欠落した状態でありながらすでに知っているものを表現する言葉を模索したのでした．数の存在に寄せる強い実在感をデデキントと共有できないとしたなら，「有理数の切断」による実数の定義をどうして受け入れることができるでしょうか．

数学という学問の根底を支えているのは，数学的対象に寄せる実在感なのであり，実在感の対象に言葉を与えようとする試みこそ，「定義する」という知的営為の本質です．対象に寄せる実在感を自覚して存在を確信するからこそ，たとえば「微積分の基礎を見出だしたい」というような，喫緊の目的にかなった定義を工夫することができるのであり，唐突に書き下された定義が数学的対象を生み出すのではありません．

もっとも数学の定義にもいろいろな種類があり，中には単に状勢の整理のために名前をつけたというだけのものもありますが，それらは交通整理のための標識のようなものですから困難は発生せず，数学を学ぶうえでの妨げにはなりません．

実数の話の続き

数学の根底にあって，数学の世界の全体を支えているのは「知」ではなくて「情」であること，論理ではなく，個々の数学者に固有の実在感であることを具体的に語ろうとして，思いつくままに実数の概念規定をめぐる話になりました．事のついでに，この話をもう少し続けてみたいと思います．

第 1 章　解析学の厳密化をめぐって

　デデキント以前にはたしかに数の定義は欠けていましたが，数学に携わる
人びとの心に数というものの共通の観念が偏在していたことはまちがいなく，
数の実在感に依拠して議論を進めていく限り，誤謬におちいることはありま
せんでした．基礎的諸概念を言い表す言葉の欠如は厳密性の希薄さを意味す
るわけではなく，数学はいつの時代にもその時代に固有の意味合いにおいて
厳密でした．

　19 世紀になって数の概念を言葉で表明しようとする動きが起り，デデキ
ントはこの時代の要請に応えたのですが，そのような風潮の背景を観察する
と，解析学の対象となる「関数」の概念が極端に一般化されたという趨勢が
目に映じます．19 世紀のはじめにディリクレが提案したいわゆる「ディリ
クレの関数」のように，非常に一般的な関数の諸性質を究明しようとすると，
たとえば連続なのかどうかということさえ，もはや定かではありませんし，
ディリクレの関数の微分や積分はどのように考えたらよいのか，状勢はあま
りにも不明瞭になってしまいます．

　ディリクレもまた 19 世紀のドイツの数学者で，生年は 1805 年．デューレ
ンという町に生れました．ディリクレの関数 $\varphi(x)$ というのは実変数の実数
値関数で，c と d は異なる実数として，有理数の x に対しては値 c をとり，
非有理数の x に対しては値 d を取ると規定された関数ですが，挙動が複雑
すぎて，グラフを描くこともできません．それに，ディリクレは実数を語っ
ているのですが，ディリクレには実数の定義はありません．デデキントと
違って定義する必要性が感じられなかったのであろうと思いますが，だから
といってディリクレの議論が厳密性を欠くわけではありません．

　このような関数を解析学の守備範囲に取り入れることになった事情につい
てはひとまず措き，一般性の度合いの高い関数について，その連続性や微分
と積分の可能性を考えることができるようにするには，適切な様式の定義を
工夫する必要がありました．諸定義に続いて一系の命題が配置されますが，
関数の諸性質を述べるいろいろな命題の中には，数の性質に根ざしているも

8

のがいくつもあり，証明を遂行するには，あらかじめ数の概念を具体的に表明しておかなければなりません．デデキントはこの事態を深く自覚し，「有理数の切断」に着目して実数を定義するというアイデアを案出したのですが，根も葉もない空疎な定義を記述したのではなく，「実数の連続性」を明らかにして微積分の基礎を確立しようとする明確な意志をもって，数に寄せる実在感に言葉を与えようとしたところにデデキントの工夫がありました．

　もう少し具体的に言うと，デデキントは「単調な有界数列は収束する」という，一見してあたりまえのように見える命題を証明しなければならないと思ったのです．

解析的表示式

　数や関数の話は数学史叙述のアイデアを語る際の典型的な事例のつもりで取り上げただけのことなのですが，なにしろ背景に広がる歴史が広大ですので，話を始めるとどこまでも拡散してしまい，本来の意図が置き忘れられてしまうのではないかと懸念されます．そうは言うものの，あまりかんたんにさわりを述べるのみにとどめるのではかえって真意が伝わりにくいのではと案じられますし，この際，関数をめぐる話に手掛かりを求めてもう少し言葉を添えておきたいところでもあります．

　19 世紀の後半期にさしかかったころデデキントが直面した数学的状勢は，時代（19 世紀後期）と人（デデキント）に固有のものですから，たとえば 18 世紀のオイラーやラグランジュの数学とは関係がありません．オイラーは関数概念を解析学の基礎に据えるというアイデアをはじめて持ち込んだ人物で，しかもほぼ同時期（1750 年ころ）に 3 種類の関数概念を提案しました．x と y は変化量として，「y が x の関数である」というのはどのような事態を指してそのように言うのでしょうか．

　本当は関数の話に先立って変化量について語らなければならず，そのためにはいっそう根底に立ち返って「数」と「量」の関係を明らかにしておかな

第 1 章　解析学の厳密化をめぐって

ければならないのですが，これはこれでたいへんな歴史を背負う問題です．オイラーの著作『無限解析序説』（全 2 巻，1748 年）に記されているところを敷衍すると，変化量というのはありとあらゆる数が詰め込まれている大きな袋のようなものという印象があります．その袋に入っている数は実数に限定されているわけではなく，オイラーはすでに複素数も受け入れようとしているのですが，それらはみな変化量の取りうる値です．変化量という名の袋からそれらの数値が自在に取り出されていく状況を指して「量が変化する」「変化する量」と言い表しているように思います．変化量に対して定量という概念もありますが，オイラーによると定量という名の袋にはただ 1 個の数しか入っていませんので，定量はその数そのものと同一視されることになります．

　オイラーが一番はじめに書いた関数概念によれば，y が x の関数であるというのは「y が変化量 x と，それにいくつかの定量を用いて組み立てられた解析的表示式」であることを意味します．オイラーは解析的表示式というものの精密な概念規定を叙述することはせず，いくつかの具体例を書き留めただけだったのですが，このあたりは「見ればわかる」というか，オイラーにとっては必要のないことだったのでしょう．オイラーの念頭には関数というものの観念が生き生きと描かれていて，オイラーはその観念に寄せて強固な実在感を抱いていたと推測されます．実在感の伴う観念に言葉を与えると「定義」になりますが，オイラーにはオイラーに固有の数学的企図があり，それを実現するのに相応しい文言を模索して，まずはじめに「解析的表示式」という言葉を書いてみたのであろうと思います．このあたりの消息は，実数の定義を模索して「有理数の切断」というアイデアを表明したデデキントの場合ととてもよく似ています．

　デデキントには「実数の連続性」を具体的に手につかみたいという意図がありましたが，ではオイラーはどのような意図をもって関数概念の定義を模索したのでしょうか．オイラーの真意は変分法にあったのであろうと，この

10

1. 数学の実在感

ごろ考えるようになりましたが，この論点についてはのちに詳しく語る機会があることと思います．

解析的表示式という関数概念はオイラーの著作『無限解析序説』の第1巻（邦訳：高瀬正仁訳『オイラーの無限解析』海鳴社，2001年）の冒頭に記されています．

加減乗除の四則演算と「冪根を取る」という演算を合わせて，これらの5演算を「代数的演算」と総称することがありますが，変化量 x と定量を用いて代数的に構成することのできる式はみな解析的表示式で，オイラーはこのような関数を特に「代数的な関数」と呼んでいます．

演算とは何か

オイラーは「関数とは解析的表示式のことである」と宣言し，そののちに，その式を組み立てるのに用いられる演算の種類に着目して関数を代数関数と超越関数に区分けしました．そこでにわかに浮かび上がるのは，「演算とは何か」という素朴な疑問ですが，オイラーはこの問いに答えていません．今日の数学の語法でいうと，演算というものの定義が明記されていないということになります．解析的表示式の概念のあいまいさがしばしば指摘されるのはそのためです．

オイラーの念頭に明晰判明に描かれていたのは代数的演算で，これを基礎にして，「代数的演算のみを用いて組み立てられる関数」という**代数関数**の概念を表明することができました．そこで代数的ではない演算を超越的演算と呼ぶことにして，超越的な演算が介在する関数については**超越関数**という呼称を与えることになるのですが，「代数的ではない演算」というものを一般的に語ることができないところに処理のむずかしい問題がひそんでいます．

『無限解析序説』を参照すると，オイラーもさかんに試行錯誤を繰り返し，悩みととまどいを深めながら超越的演算の世界に踏み込んでいこうとする様子がうかがわれます．オイラーが挙げた事例を見ると，定値 a と変化量 z

第 1 章　解析学の厳密化をめぐって

【コラム】オイラーが例示した代数関数

　変化量 z の代数関数として，オイラーは

$$\frac{a + bz^n - c\sqrt{2z - z^2}}{a^2z - 3bz^3} \quad (a, b, c \text{ は定量})$$

という式を書きました．この式は加減乗除の 4 演算と，「平方根を取る」
という演算を組み合わせて構成されています．

に対して冪 $y = a^z$ が提示され，オイラーはこれを「z のある種の関数であ
る」と述べています．関数というのですから変化量を冪指数にもつ冪もまた
解析的表示式の仲間に入れたいと望んでいるのであろうと思われますが，こ
のような冪を考えるのは実は非常にむずかしく，a が 0 の場合，負の場合，
正であってしかも 1 より大きい場合，正であってしかも 1 より小さい場合，
それに 1 に等しい場合というふうにいろいろな場合について検討を重ねてい
かなければなりません．一例として $a = -1$ と取ると $y = (-1)^z$ という形
の式が現れますが，一見して単純に見えながら，z に割り当てられたさまざ
まな値に対応して y はどのような値を取るのか，にわかにはわかりません．
たとえば $(-1)^{\sqrt{2}}$ などはいったいどのような数値を表しているのでしょうか．

　このプロセスを経たのちに，オイラーは a として「1 よりも大きい正の
数」を取るという方針を打ち出しました．超越的演算の一例がこうして明示
され，今日の語法でいう指数関数が定まりました．

　今日の数学の用語では指数関数の逆関数は対数関数という名で呼ばれてい
ますが，このように関数概念の視点から指数を関数と見ようとする姿勢はオ
イラーに始まります．オイラーは等式

12

1. 数学の実在感

$$a^z = y$$

を書き，y に対して任意の正の値が与えられたとき，この等式を満たす z の値を「y の関数と見て」y の**対数**と呼び，

$$z = \log y$$

と表記しました．定値 a のことはこの対数の**底**と呼ぶのですが，これを略さずに $z = \log_a y$ と書けば紛れがありません．さて，ここで問題になるのは「y の関数と見る」という言葉の中味です．

y の対数 z を規定するのは等式 $a^z = y$ そのものであり，何かしら z を用いて組み立てられる表示式の姿がここに認められるわけではありませんから，対数を関数と見ることはできなくなってしまいます．解析的表示式という関数概念の守備範囲がせますぎるためにこのような困難が発生するのですが，これを解消してあくまでも「対数を関数と見る」という方針を維持するためには関数概念そのものを広く取る必要があります．そこでオイラーは，1755年の著作『微分計算教程』において，

> x の変化と y の変化の間に相互依存関係が認められ，x が変化するのに応じて y もまた変化する」ならば，そのとき y を指して x の関数と呼ぶことにする．

という，もうひとつの関数を提案しました．この概念を採れば対数も関数の仲間に入ります．これを（解析的表示式を**オイラーの第 1 の関数**として）**オイラーの第 2 の関数**と名づけたいと思います．

代数関数，指数関数，対数関数，それにここでは紹介することができませんでしたが，$\sin z, \cos z, \tan z$ のような三角関数など，オイラーの眼前にはさまざまな種類の変化量の作る広大な世界が広がっていて，それらを一望

第 1 章　解析学の厳密化をめぐって

してみな「関数」の名のもとに掌握しようとするところにオイラーのねらいがありました．オイラーにとって関数概念の実在感は決して揺らぐことはなく，ただ表現の仕方に工夫の余地がありました．このあたりの消息は，実数の実在感に支えられて「有理数の切断」を考案したデデキントの場合と酷似しています．定義の文言が数学的実在を生み出すのではなく，かえって実在感に言葉の衣裳をまとわせることにより定義が生れるという神秘的な状況を，数と関数の発生の経緯はありありと物語っています．

1 価対応の規則

　二つの変化量 x と y のそれぞれが取る値の間に何かしら対応関係が認められ，x に対してある値が指定されたなら，それに応じて y の値もまたおのずと確定するという状勢が観察されることもあります．オイラーが具体的に直面したのは弦の振動の様子を記述する場においてのことでした．

　1 本の紐を水平にぴんと張り，どこか一箇所をはじくと振動します．紐が弦で，その弦の描く曲線が時間の経過に応じて変化する状況を指して「弦の振動」と呼んでいます．紐の両端を A, B とし，あらかじめ線分 AB を描いておきます．時間 t が経過した後の紐は曲線を描きますが，ある時点 t における弦の形を想定し，紐上の点 M から線分 AB に垂線を降ろし，その足，すなわち AB との交点を P で表します．A から P までの距離を A を始点として測定して x で表し，垂線 MP の長さを y で表します．その際，y については点 M の位置が線分 AB の上方と下方のどちらなのかに応じて，それぞれ正負の符号を附しておくことにします．y の数値は x と t の数値に応じて定まりますが，この関数 $y = \varphi(x, t)$ において，時間 t にはいかにも変化量の名に相応しい感じがあるものの，x と y は切り取られた線分 AP, MP の長さを表すだけのことですから，別段それ自身が変化するわけではありません．そのため y を第 2 の関数と見ることはできませんが，そうかといって何らかの式で表示するのもむずかしそうですから第 1 の関数でもあり

1. 数学の実在感

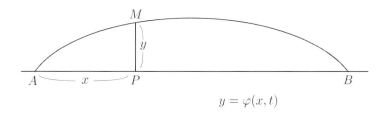

【図 1-1】振動する弦を表す関数

ません【図 1-1】.

オイラーはこのようなものも関数の仲間に入れました．これを**オイラーの第 3 の関数**と呼ぶことにしたいと思います．

第 3 の関数は抽象の度合いが非常に高く，諒解するのに困難を覚えるほどですが，前記の「ディリクレの関数」は，この第 3 の関数概念を採用したときにはじめて関数でありえます．「ディリクレの関数」では x や y は変化量とは名ばかりで実際には変化することはなく，規定されているのは x に対して y を対応させる「対応の規則」のみなのですから，これを第 2 の関数と見ることはできません．そうかといって解析的表示式と見ることは可能かというと，たとえば，$\varphi(x)$ は x が有理数のときは値 1 を取り，x が非有理数のときは値 0 を取るディリクレの関数とすると，

$$\varphi(x) = \lim_{n\to\infty} \lim_{k\to\infty} (\cos(n!\pi x))^{2k}$$

という複雑な形の表示式が成立することは成立します．ではありますが，極限を取る操作をも演算の仲間に入れるのはオイラーの初心を大きくはみ出していますし，ここまで無理を重ねて解析的表示式に固執するよりも新たな関数概念を考案するほうがよいのではないかと思います．

第1章 解析学の厳密化をめぐって

　ディリクレはオイラーに示唆を受けて「対応の規則」それ自体を指して関数の名で呼んだ最初の人物なのですが，その際，対応の規則に「1価性」という条件を課して「1価対応」のことを関数と呼び，この文脈の中で一例として「ディリクレの関数」を挙げました．「1価性」というのは，「xに対応するyの値はただひとつに限る」という性質ですが，この要請はオイラーには見られませんでした．代数関数は多価関数ですから，1価関数に限定すると代数関数を語ることができなくなってしまうのです．

　今日の数学では，「集合から集合への1価対応」を指して関数と呼んだり写像と呼んだりしていますが，ここには関数概念に寄せるディリクレのアイデアがそのまま生きています．

関数の連続性などをめぐって

　関数の連続性ということはオイラーが関数概念を提案した当初から問題にされていたようで，その痕跡は『無限解析序説』にも深く刻まれていますが，今日の微積分に見られるように抽象的に関数概念を設定し，そののちにその連続性を考えるというふうに進むわけではありません．具体的に観察すると，オイラーの上記の著作の第2巻の冒頭の第1章は「曲線に関する一般的な事柄」と題されているのですが，そこで語られているのは「連続関数」ではなくて「連続曲線」です．

　ただし，オイラーの無限解析の基本思想は**曲線の解析的源泉を関数と見る**というものですから，曲線の連続性と関数の連続性は無縁ではありえません．オイラーがこの著作で採用した関数は第1番目の関数，すなわち解析的表示式で（実際には，対数関数のように必ずしも解析的表示式とは言えない関数も登場します），曲線のほうは関数のグラフとして認識するというのがオイラーに独自のアイデアです．そのうえで言葉をあらためて，関数のグラフとして描かれる曲線のことを簡潔に「連続曲線」と呼びました．これだけではただ関数のグラフに名前をつけただけのことにすぎず，「連続曲線」の「連続」

16

1. 数学の実在感

の一語の意味合いは必ずしも伝わってきませんが，オイラーの念頭には実際にはもう少し一般的な「連続ではない曲線」のイメージもあったようで，いくつかの連続曲線をつないで描かれる曲線というものを想定し，そのような曲線を「混合曲線」という名で呼びました．

混合曲線はいくつかの連続曲線がつながって形成されるのですから，今日の目には依然として連続曲線のように見えるのですが，オイラーは区別しています．

曲線というものを観念的に考えてみると，わざわざ連続曲線という以上，そのような曲線には「とぎれずにつながっている」という素朴なイメージが伴います．オイラーの目には関数のグラフはごくあたりまえのように「つながっている」と見えたのであろうと思われますが，オイラーばかりではなく，単に曲線といえば「切れ目なくつながっている曲線」を心に描くのが通常の感受性ですし，オイラーもまたそこに足場を定めて出発したと見てよいのではないでしょうか．

関数のグラフが「切れ目なくつながっている曲線」である以上，オイラーにとって関数はどれもみなごく自然に連続性を備えているかのようですが，忘れないうちに強調しておくと，この場合の関数というのはあくまでも解析的表示式のことなのでした．

オイラーは連続曲線については語ったものの，少なくとも『無限解析序説』には連続関数という言葉は見当たりません．ではありますが，オイラーはグラフの連続性をわざわざ強調することを通じて，関数の連続性を語りたかったのではないかとも思われます．解析的表示式の連続性を語るのは日常の感覚を超越した出来事ですが，グラフの連続性であればだれにでも素朴に諒解されて，しかも言葉は不要です．それなら，連続性という関数の属性を示唆しようとするオイラーの立脚点は「知」ではなく「情」であることになります．

このような意味合いにおいて，オイラーのいう解析的表示式はすべて連続

第 1 章　解析学の厳密化をめぐって

関数です．

数学者たちの「青春の夢」に寄せて

　数学史に寄せる関心は，数学を学び始めた当初から心にありました．本書の執筆にあたり，さまざまに心中を去来したあれこれのアイデアが一挙に集積し，収拾のつかない様相を呈した一時期もあったのですが，ともあれガウスの数論やアーベルの楕円関数論あたりに糸口を求めて数学の歴史の流れに沈潜していきたいというほどの思いがありました．数学の現場で見られる「知」と「情」の対峙とか，数学の根底にあって数学を支えているのは個々の数学者たちに固有の実在感であるという主張とか，語りたいことはあれこれとあるのですが，そのような話はあくまでも入り口に配置された基本方針であり，ガウスやアーベルの人生と数学の姿を紹介していく中で具体的に触れていくべきであろうと思います．実数の話や関数の連続性の話などは話の種にすぎず，軽く話題にするだけにとどめて深いところには立ち入らないつもりだったのですが，実際に書き始めてみるとなかなか離れられなくなってしまいました．数学の話を「さわり」だけですませようとするのはやはり無理で，たとえさわりといえども数学そのものを離れて数学を語るのは不可能です．

　「青春の夢」というとすぐに念頭に浮かぶのは「クロネッカーの青春の夢」ですが，クロネッカーのようにはっきりと「私の青春の夢は……」と心情を吐露したりすることはないまでも，思うに若い日に自覚した「青春の夢」を生涯にわたって抱き続けることができるのは，偉大な数学者が偉大であることのあかしです．ひとりひとりの「青春の夢」の実際の姿についてはこれから時間をかけて語っていきたいと思いますが，際立った特徴として，このタイプの数学者の学問は生涯の最後まで絶え間なく継続するということが挙げられるのではないかと思います．数学は若くてもできる学問ですが，若くなければできないということはありませんし，第一，もしそうなら，数学は決

18

して成熟することがなく，永遠に未熟な学問にとどまってしまいます．

「青春の夢」を抱き続ける数学者たちの学問に附随するもうひとつの特徴は，決して完成することがなく，当初から未完成に終る宿命を負っているという事実です．若い日のクロネッカーが抱いた青春の夢はクロネッカー自身の手ではついに成就せず，ハインリッヒ・ウェーバー，ヒルベルト，それに高木貞治先生の手にバトンがわたされてようやく日の目を見ました．岡潔先生の場合には「青春の夢」はもとより多変数関数論ですが，夢が発見されるまでに非常に長い時間がかかりました．30代の半ばにさしかかって生涯の課題を「ハルトークスの逆問題」に定めるまでに，模索の日々が打ち続いたのですが，ひとたびこれを手中にしてからの岡先生には迷いがなく，晩年にいたるまでまっすぐに歩み続けました．30代で発見された夢でも「青春の夢」には違いなく，「青春」の観念は実際の時空を超越していることになります．もっとも岡先生のような事例は非常にまれであることもまたまちがいありません．

2 ─── 連続関数を求めて

オイラーの連続関数の印象

数学の窓辺に腰掛けて色とりどりの「青春の夢」を語りたいと思うのですが，理路整然とした歴史の叙述というのは本当はありえないのですし（歴史には合理性がありませんから），いたずらに客観性を装うのはやめて，歴史を語ろうとする自分自身の体験を語ることにするほうが，かえって歴史というものの本質にかなっているのではないかとも思います．

オイラーは連続関数について語ったという主旨の言葉はいろいろな数学史

第 1 章　解析学の厳密化をめぐって

の書物に記されていますが，数学の古典を渉猟して実際に「オイラーの連続関数」という一語をはじめて目にしたのは，リーマンの名高い学位論文「1個の複素変化量の関数の一般理論の基礎」（1851 年）を読んだときのことでした．リーマンは 1826 年に生れた人ですから，25 歳のときの作品で，（多変数ではなくて）1 変数関数論の基礎がこれによって確立されました（1 変数関数論の基礎の確立に寄与した人物として，ここでもうひとり，ヴァイエルシュトラスの名を挙げておかなければなりません）．関数概念の回想から説き起こし，複素変数の解析関数の概念を規定し，解析接続という，解析関数に固有の現象に由来する存在領域の形状を深く思索してリーマン面の概念の導入に及びます．眼目は解析関数にありますが，書き出しの部分で真っ先に書き留められているのが「オイラーの連続関数」です．

　文脈から推すと，リーマンのいう解析関数の出発点はオイラーの関数であり，しかもそのオイラーの関数というのは「連続関数」を指しているように見えました．それなら「オイラーの連続関数」の概念を延長していくと，おのずと解析関数に到達するかのように思えるのですが，もし本当にそうであるならばまったく驚くべきことですし，冒頭の一語「オイラーの連続関数」は魔法の言葉というほかはありません．

　リーマンの学位論文そのものも数学の魔力をたたえた作品です．手もとに置いた日は相当に古く，折に触れてはちらほらと眺め，ときには力を込めて読みにかかったりもしましたが，なぜかしらなかなか前に進むことができず，少し読むとすぐに行き詰まってしまうというふうでした．そんなそこはかとない経験を重ねたのち，30 代になってガウスの整数論とアーベルの楕円関数論を読み始めたころに再度挑戦したところ，今度は最後まで読み通すことができました．古典を読むときは必ず翻訳文を作るのですが，このときはじめてリーマンの論文の翻訳稿を書き上げて，これを初訳として，それから何回も読み返し，だんだんと定訳稿に近づいていきました．平行して，同じリーマンの論文「アーベル関数の理論」の解読もゆるやかに進み始め，その

20

2. 連続関数を求めて

訳稿も作成することができました．古典の解明には実に大量の時間がかかります．

　このようなわけで「オイラーの連続関数」という言葉そのものは，なにしろリーマンの論文の冒頭に出ているのですからずいぶん早くから目にしていたのですが，わかったともわからないとも言えず，ただ不思議な印象のみが心に残りました．

オイラー全集を渉猟して連続関数を探索する

　リーマンの論文に書き留められていた魔法の言葉に心を惹かれ，後日，オイラーの全集を見るようになったおりに，「連続関数」はどこに出ているのだろうと絶えず気に掛かりました．ガウスの著作『アリトメチカ研究』（1801年．邦訳：高瀬正仁訳『ガウス整数論』朝倉書店，1995年）には数論の方面でのオイラーの論文がひんぱんに顔を出し，おびただしい数にのぼりますので，大いに触発されてオイラーの論文や著作に目を通すようになりました．ハードルは高かったのですが，深遠な魅力にすっかり心を惹かれて離れられなくなり，とうとう『無限解析序説』の翻訳を手がけるまでになりました．オイラーの世界の広大なことは気の遠くなるほどで，とうていすべてを見渡すにはいたらないものの，長い年月をかけて読み続けているうちに目を通した作品は相当の分量にのぼりました．ところが，「連続関数」の一語にいまだに出会わないのは実に不可解です．

　リーマンのいう「オイラーの連続関数」はどこにあるのでしょうか．現在の時点で判断すると，「オイラーには連続関数の概念そのものを表明する言葉はないが，連続曲線の概念は明確に表明されている」のはまちがいありません．連続曲線については既述のとおりで，ひとことで言えば，オイラーは「解析的表示式のグラフとして描かれる曲線」を指して連続曲線と呼んでいるのでした．まったく不思議で，不可解な事態と言わなければなりません．

　いくつもの素朴な疑問が率直に心に浮かびます．何よりもまず曲線とは何

21

かという問いに答えなければなりませんが、『無限解析序説』に見られるオイラーの解析幾何のアイデアによれば、曲線とは「関数のグラフ」のことにほかなりませんし、しかもオイラーはこの時点では解析的表示式を指して関数と呼んでいるのですから、解析的表示式のグラフがすなわち曲線であることになります。オイラーの心のカンバスには代数関数と代数曲線が描かれていたのでしょう。

　観念的に曲線というものを考えるのであれば、ほかにもいろいろな曲線が考えられそうに思われるところですが、解析的表示式という関数概念に拘束されて、「曲線」の一語の包含する世界は一定の範囲に限定されることになります。このような曲線のとらえ方は今日でもそのまま生きています。

　曲線の概念はひとまずこれでよいとして、続いて現れるのは、解析的表示式のグラフとして認識される曲線のことを、単に「曲線」と呼ぶのではなく、あえて「連続」の一語を冠して「連続曲線」という名で呼んだのはどうしてだろうという疑問です。曲線を関数のグラフと見ることにして、関数の性質に基づいて曲線の範疇を規定しようとするのは今日の通常の流儀です。関数が連続なら曲線も連続、関数が微分可能なら曲線も微分可能、関数が1回連続微分可能なら曲線もまた1回連続微分可能というふうに言葉を定めるのですが、以下も同様にしてどこまでも続きます。曲線の根底に関数を見るという流儀はオイラーにさかのぼりますが、そのオイラーには関数の連続性の明確な表明がなく、ただ曲線の連続性だけが語られています。

　関数のグラフとしての曲線の概念規定をひとまず離れ、曲線の連続性ということを観念的に考えるなら、たいていの曲線は連続性という言葉に相応しい属性を備えているような気もします。今日のように連続関数のグラフを指して連続曲線と呼ぶことにすると、ペアノ曲線やヒルベルト曲線のように、単位正方形の内部のすべての点をくまなく通過する連続曲線も存在しうることになります。もはや曲線というものの通常のイメージからはかけ離れていますが、定義により連続曲線と呼ぶほかはないのですから仕方のないところ

2. 連続関数を求めて

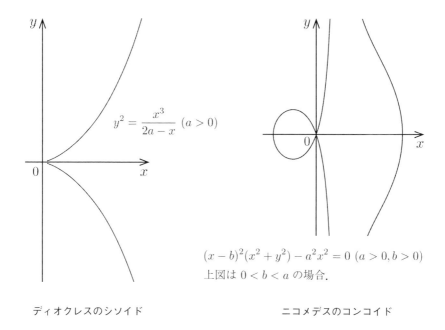

ディオクレスのシソイド　　　　　　ニコメデスのコンコイド

【図 1-2】ディオクレスのシソイド，ニコメデスのコンコイド

です．これに対し，解析的表示式を関数と呼ぶことにしたオイラーは，ペアノやヒルベルトが発見した奇妙な曲線のことなどは思いもしなかったでしょう．古い歴史を負うディオクレスのシソイドもニコメデスのコンコイドも，近代になって注目されたサイクロイドやレムニスケートも，オイラーが無限解析を適用して解明の対象としようとしたあれこれの曲線は，どれもみなごくあたりまえの「連続」のイメージを備えています【図 1-2】．それなら逆に，そのような連続曲線をそのグラフとして表示する力をもつ解析的表示式を指して「連続関数」と呼んだとしても，あながち不可解とは言えないのではないでしょうか．

オイラーは連続関数とは何かという問いに対し具体的な言葉をもって答え

第 1 章　解析学の厳密化をめぐって

ることはありませんでしたが，曲線の連続性という日常的な感受性が解析的表示式にも伝播して，解析的表示式の連続性を自覚していたというふうに言えるかもしれません．日常的な感受性にはそれなりに堅固な普遍性が備わっていますし，オイラーはそこに根拠を求めて曲線と関数の連続性の観念を確保しようとしたのではないかと思います．リーマンはきっとそんなふうにオイラーを観察し，「オイラーの連続関数」という言葉を用いたのであろうと，このごろしきりに思うようになりました．

解析的表示式から連続関数へ

　今日の微積分では関数の性質に次々と条件を課していきますが，まずはじめに目に留まるのは連続関数です．連続関数の諸性質を調べることは基本中の基本で，「中間値の定理」や「有界閉区間上の連続関数は最大値と最小値をもつ」という基本的な命題が次々と語られていきます．これらはどちらも実数の連続性を基礎にして証明が成立します．

　連続関数に続いて語られるのは関数の微分可能性ですが，微分可能な関数に対しては「ロールの定理」が成立し，これを基礎にして「平均値の定理」の証明が行われます．ロールの定理の証明はどのようにするのかというと，「有界閉区間上の連続関数は最大値と最小値をもつ」という連続関数の基本性質に基づいていますから，本質はやはり実数の連続性にあると言うことができます．微分可能性には段階があり，1 回微分可能，2 回微分可能……というふうにどこまでも階段をのぼっていって，無限回微分可能な関数のテイラー展開の可能性を論じるあたりが微分法の中心的な課題になります．

　積分の理論では，連続関数の積分可能性の問題が真っ先に現れます．有界閉区間上で与えられた連続関数に対して「コーシー＝リーマンの和」と呼ばれる和を作り，極限に移行する際の収束性を考察するという手順を踏むのですが，連続関数のコーシー＝リーマンの和は収束する，言い換えると，「有界閉区間上の連続関数は積分可能である」という事実が基本命題になります．

24

2. 連続関数を求めて

【コラム】関数が微分可能とは

　実数直線上のある区間において与えられた関数 $y = f(x)$ が区間の点 x において微分可能であるというのは，極限値

$$\lim_{h \to 0} \frac{f(x+h) - f(x)}{h}$$

が存在することをいいます．この極限値を表す記号はいろいろありますが，高木貞治先生の『定本 解析概論』には

$$\frac{dy}{dx}, \ f'(x), \ y', \ \dot{y}, \ D_x y, \ Df(x)$$

という記号が紹介されています．

　もう少し詳しく言うと，コーシーが考察したのは連続関数のみであるのに対し，リーマンはもっと広く，一般に有界関数を取り上げて，その枠内で積分可能性を論じるという構えをとりました．「コーシーの和」ではなく「コーシー＝リーマンの和」という呼称が成立したのはそのためです．

　今日の微積分はこんなふうに始まりますが，ここで大きな問題として浮上するのは，「連続関数から説き起されるのはなぜだろうか」という疑問です．関数の属性としてまずはじめに考察されるのが連続性というのは，別段不自然なことではないようにも思えますが，あらためてその理由を正面から考えてみると，原理的もしくは原則的な根拠を見出だすことはできません．論理的な理由があってそうしているのではないのです．連続関数というものの観念には歴史がありますので，そこに分け入っていくほかに考える手立てはありません．

　コーシーの著作『解析教程』（1821 年）には連続関数の概念の定義が書かれています．おそらくそれが明示的に表明された連続関数というものの初出

25

第1章　解析学の厳密化をめぐって

ですが，連続関数という言葉をはっきりと使用したのはコーシーが最初としても，そのコーシーに影響を及ぼして連続関数の定義を書き留めさせる力になったのは疑いもなくオイラーです．実数を定義したデデキントが，実際には言葉のない状態のままに実数を感知していたのと同様に，コーシーもまた連続関数という数学的観念の存在を知っていました．連続性の概念はオイラーのいう解析的表示式の属性です．コーシーばかりではなく，ラグランジュもフーリエも知っていましたし，リーマンもまた連続関数の源泉はオイラーの解析的表示式であることを承知していました．だからこそ，リーマンは複素変数関数論の展開に先立って真っ先に（コーシーではなく）「オイラーの連続関数」の一語を語ったのでした．

リーマンの学位論文より

　リーマンの論文は複素変数関数論の基礎理論の確立をめざすところに本来の意図が認められるのですが，その基礎理論のねらいは何かといえば，（1変数の）代数関数論の構築の土台にするためでした．代数関数論といってもアーベル積分論といっても同じことになりますが，リーマン自身はアーベル関数の理論と呼んでいます．アーベル積分というのは完全に一般的な視点から見た代数関数の積分のことで，オイラーに由来するオイラー積分（コラム「オイラー積分の例」〈28頁〉参照）の考察の延長線上に位置してします．具体的には，アーベルの研究を受けてヤコビが提示した「ヤコビの逆問題」の解決がめざされました．

　リーマンのアーベル関数論は次章のテーマですが，ここではリーマンのいう「オイラーの連続関数」について，リーマンの言葉に沿ってもう少し考察してみたいと思います．

　リーマンの学位論文はこんなふうに書き出されています．

　　z はあらゆる可能な実数を次々と取りうる変化量としよう．それら

2. 連続関数を求めて

の値の各々に対し，不定量 w のただひとつの値が対応するならば，w は z の関数と呼ばれる．そうして z が二つの定値の間にはさまれるすべての値の上を連続的に移り行くとき，w もまた同様に連続的に変化するなら，関数 w はこの区間において連続であるという．この定義は明らかに，関数 w の個々の値の相互間にいかなる法則も全然規定していない．というのは，この関数がある定区間において定められたとき，その区間の外部への延長は完全に任意だからである．

ここに登場する関数において要請されているのは「z の各々に w が対応する」という対応の規則のみですから，オイラーが提案した 3 種類の関数概念のひとつです．ただし，対応の 1 価性がきっちり要請されている点はオイラーには見られないことですから，ここには新しい事態が現れているのですが，ともあれ「集合間の 1 価対応」という今日の抽象的な関数概念と本質的に同じです．このような関数概念を数学史上ではじめて明記したのはリーマンの師匠のディリクレです．リーマンはディリクレの影響を受けたのでしょう．関数の連続性については，コーシーの『解析教程』の影響が見られるようでもあり，独自のようでもありますが，「z が連続的に変化するとき，w もまた連続的に変化する」というだけのことですから，いずれにしても素朴な概念です．

続いてリーマンは，同じくオイラーに由来するもうひとつの関数概念に言及します．「オイラーの連続関数」という言葉もここに現れます．

量 w が z に依存する様式を数学的法則により与えることもできる．したがって，z の各々の値に対し，定まった量演算により，対応する w が見出だされる．ある与えられた区間内の z のすべての値に対して，対応する w の値がこのような依存法則によって定められ

27

第1章 解析学の厳密化をめぐって

【コラム】オイラー積分の例

オイラー積分というのは，

$$\left(\frac{p}{q}\right) = \int_0^1 x^{p-1}(1-x^n)^{\frac{q-n}{n}}\,dx$$

という形の定積分の総称で，オイラーに由来します．分数のように見える記号 $\left(\dfrac{p}{q}\right)$ もオイラーが提案しました．n, p, q はひとまず自然数として，$n = 2, p = 1, q = 1$ と取ると，

$$\left(\frac{1}{1}\right) = \int_0^1 \frac{dx}{\sqrt{1-x^2}} = \frac{\pi}{2}$$

という数値が算出されますが，これは単位円（半径1の円）の円周の4分の1の長さを表しています．オイラーはこの積分から出発し，少しずつ変形を重ねていきました．次に挙げるのはオイラーが得た数値例です．

$$\int_0^1 \frac{x^{2n+1}}{\sqrt{1-x^2}}\,dx = \frac{2 \cdot 4 \cdot 6 \cdot \cdots \cdot 2n}{3 \cdot 5 \cdot 7 \cdot \cdots \cdot (2n+1)}$$

$$\int_0^1 \frac{x^{2n}}{\sqrt{1-x^2}}\,dx = \frac{1 \cdot 3 \cdot 5 \cdot \cdots \cdot (2n-1)}{2 \cdot 4 \cdot 6 \cdot \cdots \cdot (2n)}\frac{\pi}{2}$$

これらを乗じると，

$$\int_0^1 \frac{x^{2n}}{\sqrt{1-x^2}}\,dx \cdot \int_0^1 \frac{x^{2n+1}}{\sqrt{1-x^2}}\,dx = \frac{1}{2n+1} \cdot \frac{\pi}{2}$$

という，二つのオイラー積分の間のおもしろい関係が明らかになります．

この等式において変数変換 $x = z^\nu$ を行うと，$dx = \nu z^{\nu-1}dz$ により，

$$\nu^2 \int_0^1 \frac{z^{2n\nu+\nu-1}}{\sqrt{1-z^{2\nu}}}\,dz \cdot \int_0^1 \frac{z^{2n\nu+2\nu-1}}{\sqrt{1-z^{2\nu}}}\,dz = \frac{1}{2n+1} \cdot \frac{\pi}{2}$$

と変形されます．ここでさらに $2n\nu + \nu - 1 = \mu$ と置くと，

$$\int_0^1 \frac{z^\mu}{\sqrt{1-z^{2\nu}}}\,dz \cdot \int_0^1 \frac{z^{\mu+\nu}}{\sqrt{1-z^{2\nu}}}\,dz = \frac{1}{\nu(\mu+1)} \cdot \frac{\pi}{2}$$

という形になります．$n = 2\nu$ としてオイラーの記号を用いると，これは等式

$$\left(\frac{\mu+1}{\nu}\right)\left(\frac{\mu+\nu+1}{\nu}\right) = \frac{1}{\nu(\mu+1)} \cdot \frac{\pi}{2}$$

にほかなりません．

2. 連続関数を求めて

るという可能性は，かつてはある種の関数（オイラーの用語での連続関数）に対してだけ与えられていた．しかし，最近の研究により，ある与えられた区間における任意の連続関数を表示することのできる解析的な式が存在することが示された．それゆえ，量 w の量 z への依存性を任意に与えられたものとして定義するか，あるいは定まった量演算により規定されるものとして定義するかという点はどちらでもさしつかえない．これらの二つの概念は，われわれが先ほど言及した諸定理の結果，同値である．

　ここで語られている関数では，量 w が z に依存する様式が「数学的法則」により与えられるというのですが，これはオイラーのいう解析的表示式としての関数を指すと見てよいのではないかと思います．最近の研究により，前述の抽象的な1価対応としての任意の連続関数は，ある種の解析的表示式により表されるというのは，「どのような関数もフーリエ級数に展開される」と宣言したフーリエの理論を指していると見てまちがいのないところです．リーマンはディリクレとともにフーリエ解析の理論形成に本質的な寄与をした人ですが，フーリエ解析の数理物理的意義とは別に，一見するとかけ離れているように見える二つの関数概念が，実は同一であることが示されるというところに深い関心を抱いたのかもしれません．

　ここでは「オイラーの連続関数」が語られた文脈に注目しておきたいと思います．

リーマンの複素関数

　リーマンの見るところ，実変数の連続関数の範疇では「抽象的な1価対応」はフーリエ級数という名の「解析的表示式」に帰着されるというのですから，オイラーが提案した3種類の関数概念は結局のところ1種類に帰着され，解析的表示式のみを考えればよいことになります．実際には任意の連続

29

第 1 章 解析学の厳密化をめぐって

関数が自在にフーリエ級数に展開できるというわけではなく，さまざまな限定条件が課されるのですが，「連続であってもなくても，どのような関数でもフーリエ級数に展開される」というフーリエの主張はあまりにもロマンチックです．それに，リーマンはディリクレとともにフーリエの数学的思索の有力な継承者なのでした．

それはそれとして，リーマンの学位論文そのもののテーマはフーリエ解析ではなくて複素変数の関数論ですから，ここまでのところは前置きにすぎません．リーマンは，「しかし，量 z の変化しうる範囲が実数値に限定されず，$x + yi$（ここで $i = \sqrt{-1}$）という形の複素数値をも許容することにすると，状勢は一変する」と言葉を続けます．リーマンのねらいはアーベル積分の考察にあるのですが，代数関数とアーベル積分（代数関数の積分のことですが，リーマン自身はアーベル関数と呼んでいました）を複素数の範疇で考えようとするところにリーマンの創意がありました．

もっともこの点に関していうとリーマンには先駆者がいました．それはガウスやアーベルやヤコビたちのことで，彼らは早くから楕円積分とその逆関数を複素数の世界で考えていましたし，アーベルなどは完全に一般的なアーベル積分の考察にまで思索の翼を広げつつありました．アーベルは病気で早世したため十分にアイデアを展開することはできなかったのですが，リーマンの数学的思索にはアーベルの影響が奥深いところまで及んでいます．

ガウス，アーベル，ヤコビからリーマンにいたるアーベル積分の研究史は 19 世紀の数学史の精華です．リーマンはアーベルを継承し，アーベル積分の考察にあたって，まずはじめに複素変数の複素数値関数の中から微分可能な関数を取り出そうと試みました．理論全体の根幹に位置する素朴な場所から出発するのがリーマンの流儀ですが，このような特徴はガウスにもアーベルにも，それに岡潔先生にも共通しています．

リーマンが探索しようとしている複素関数のモデルは，抽象的な 1 価対応というような「完全に任意の関数」ではなく，オイラーの連続関数，すなわ

30

2. 連続関数を求めて

【コラム】フーリエ級数

フーリエ級数というのは，

$$\frac{a_0}{2} + a_1 \cos x + b_1 \sin x + \cdots + a_n \cos nx + b_n \sin nx + \cdots$$

という形の無限級数のことで，正弦関数と余弦関数を用いて組み立てられています．冪級数とはまったく異質の無限級数です．区間 $[-\pi, \pi]$ において与えられた関数 $f(x)$ は，ある一定の条件が満たされるならフーリエ級数の形に表されることがあります．その場合，係数は

$$a_n = \frac{1}{\pi} \int_{-\pi}^{\pi} f(x) \cos nx dx, \ (n = 0, 1, 2, \cdots)$$
$$b_n = \frac{1}{\pi} \int_{-\pi}^{\pi} f(x) \sin nx dx, \ (n = 1, 2, \cdots)$$

というふうに定積分により与えられます．

フーリエはどのような関数もフーリエ級数により表示されると宣言しました．無条件では無理で，一定の制約が課されますが，フーリエの宣言を機に関数概念そのものをはじめとして，無限級数の収束，収束の仕方，定積分など，解析学の基礎的諸概念に向けて省察の気運が高まりました．

ち解析的表示式の名に値する何らかの「式」でした．そこでリーマンはまたしても素朴な場所に足場を定め，

    w が z の関数として初等的演算を組み合わせて定められるとすれば，その定め方がどのようなものであっても，微分商 $\dfrac{dw}{dz}$ の値はいつでも微分 dz の個々の値に依存しない．

31

第 1 章　解析学の厳密化をめぐって

という状況を観察しました．ここで，z と w は複素変化量ですが，w が z に依存する様式が完全に任意とすると，w の微分 dw は z の微分 dz に依存するのが通常の姿ですから，任意の関数を初等的演算により組み立てるのは不可能であることになります．そこでリーマンは，$\dfrac{dw}{dz}$ の値が dz に依存しないという性質を，量演算により組み立てることのできる関数に共通する性質と見て，

　　「これを以下の研究の基礎として採用する」

と，基本的な姿勢を打ち出していくのでした．まことに目の覚めるような光景です．

　考察の対象とする関数そのものはあくまでも表示式とは無関係に規定しなければなりませんから，抽象的な 1 価対応としての関数の範疇を限定していくことになりますが，その際に課される条件は，初等的な量演算により組み立てられる関数に共通の「$\dfrac{dw}{dz}$ の値が dz に依存しない」という性質です．そのうえで「量演算によって表現することのできる依存性という概念に対する一般的な妥当性と十分性を明らかにすることはせずに」とリーマンは前置きして，

　　変化する複素量 w は，もうひとつの変化する複素量 z とともに，
　　微分商 $\dfrac{dw}{dz}$ が微分 dz の値に依存しないように変化するとする．こ
　　のとき，w を z の関数と呼ぶ．

と関数概念を提示しました．このリーマンの関数はそのまま今日の複素関数論に受け継がれ，**正則関数**もしくは**解析関数**という名で呼ばれています．

2. 連続関数を求めて

オイラーの微分とリーマンの関数

　関数の概念はヨーロッパの近代数学の根幹を作る基本中の基本の基礎概念ですが，いつのまにか自然に発生したというのではなく，オイラーその人の特異な数学思想の現れです．個人の創意が大きく広がって普遍性に似たものを獲得するという，学問芸術の創造の場においてしばしば見受けられる現象ですが，このようなことがある以上，数学は決してどこかしら「人」を離れた世界に生息する天然自然の学問ではありえません．

　リーマンはオイラーの解析的表示式に立ち返り，「$\dfrac{dw}{dz}$ が dz に依存しない」というところに着目して「関数」の概念を提示したのですが，この段階で新たにわき起るのは，解析的表示式の諸属性のうち，どうしてこの性質に目を留めたのだろうという素朴な疑問です．思い起されるのはまたしてもオイラーの言葉です．

　ライプニッツからベルヌーイ兄弟を経てオイラーに伝えられた無限解析では，変化量 z が与えられたとき，その微分 dz を作り出す一連の計算手順が示されますが，z が有限の値を取りながら変化するのに対し，dz は無限小の値を取る変化量です．無限小量とは何かと問われたなら，「任意に指定されたどのような量よりも小さな量」とオイラーは明快に応じます．すると，そのような量は 0 ではないか，という反駁の声が起ります．変化量 w が変化量 z の関数のとき，微分 dz と微分 dw の比を作ることがありますが，それは「0 を 0 で割るときの商」であることになりますから，得体の知れない不気味な感情を見る者の心に引き起します．初期の無限解析には，その手の感情に根ざした反感が絶えなかったと言われていますが，もっともなところもたしかにあります．

　ところが，無限小は 0 そのものでないかという素朴な問いかけに対し，オイラーは「そのとおり」と平然と応じます．オイラーの見るところ，無限小の実体は 0 であり，0 以外の何ものでもありませんが，ただし，とオイラーは言葉を続け，「われわれの関心の向う先は無限小と無限小の比なのだ」と

第1章　解析学の厳密化をめぐって

強調するのです．微分そのものは0であるが，微分と微分の比，すなわち0と0の比は有限の値をもつことがある．その「比」を認識することこそが，無限解析の要諦なのだというのがオイラーの弁明の骨子です．リーマンの関数概念にはこのオイラーの思想が色濃く反映しているように思います．

　もっともリーマンには先駆者らしい人物もいました．それはコーシーのことなのですが，コーシーの代数解析（微積分を指すコーシーの用語です）では「限りなく小さい量」というものはもう考えず，微分と微分の比を作るという手順も排除され，冒頭からいきなり「比」そのものの定義が現れます．今日の微積分にそのまま受け継がれている流儀ですが，コーシーにはコーシーの考えがあって，オイラーの影響のもとで無限小の観念を表面に出さないよう，工夫を凝らしたのでした．

3 ─── 解析学の厳密化とは何か

コーシーの『解析教程』

　代数解析というのは今日の微積分を指すコーシーの用語ですが，思えば微積分の名称も誕生以来さまざまに変遷を重ねてきました．オイラーは「無限解析」と呼んでいましたし，ライプニッツにもこの言葉の使用例があります．微分法については，ライプニッツは曲線に接線を引いたり極大極小問題を解くための新しい計算法を発見したという考えでした．積分法はどうかというと，ライプニッツは当初から微分法の逆演算と見ていましたので，「逆接線法」と呼んでいました．「積分」という言葉をはじめて提案したのはライプニッツとともに微積分の建設に寄与したベルヌーイ兄弟の兄のヤコブだったようで，ほとんど同時期に弟のヨハンもこの言葉を使っています．1690年

34

3. 解析学の厳密化とは何か

ころの出来事です．ヨハンはパリでロピタル公爵を相手にして微積分を講義をしたことがあり，「微分法」と「積分法」のうち，後者の「積分法」の講義録だけが全集に収録されましたが，そこには「積分法」という言葉が見られます．「微分法」という言葉もあり，「微分計算」「積分計算」という言葉も使われています．

ヨハンの微分法の講義録は全集には収録されていませんが，ロピタル公爵の著作として刊行されました．『曲線の理解のための無限小解析』（1696 年）という著作ですが，書名に（「無限解析」ではなく）「無限小解析」の一語が見られます．この著作は全 2 巻のうちの第 1 巻で，テーマは微分計算ですからもっぱら無限小のみに関心が寄せられていたのでしょう．第 2 巻は積分計算をテーマとする著作になる予定だったようですが，日の目を見ませんでした．

ラグランジュは『解析関数の理論』（1797 年）という書名の著作を書き，ラグランジュの次の世代のコーシーは「代数解析」という言葉を使いました．コーシー以後，いろいろな解析教程が現れましたが，今日では「微分積分学」という即物的な用語がほぼ定着しています．

このような事例は数論にも見られます．数論はかつて古典ギリシアの世界ではアリトメチカと呼ばれていて，ディオファントスの著作と伝えられる作品の書名もまた『アリトメチカ』でした．数学が西欧近代の手にわたってからも，アリトメチカの一語はフェルマ，オイラー，ラグランジュと受け継がれ，ガウスの著作『アリトメチカ研究』の書名にも使われましたが，ルジャンドルが著作の書名に「Théorie des Nombres（数の理論）」という言葉を使用したことが契機になって，次第に「整数論」や「数論」という言葉が広まりました．「数論」といい，「微分積分学」といい，あまりにもそっけない物言いであり，喚起されるイメージは何もありません．

コーシーは無限解析もしくは無限小解析の再編成を構想した人で，『解析教程』の名のもとに大きな著作を企画しました．エコール・ポリテクニクでの講義のために書かれたのですが，1821 年に刊行された第 1 部の内容を示

35

第 1 章 解析学の厳密化をめぐって

す一語として選ばれたのは「代数解析」でした．この第 1 部の根幹を作るの
は極限の理論で，その土台の上に無限級数の収束と発散の概念が規定され，
連続関数の諸性質の究明へと進みます．第 1 章の第 1 節でまずはじめに語ら
れるのは「関数」で，続いて第 2 章では関数の連続性の考察が繰り広げられ
ます．無限級数の収束と発散の考察が登場するのは第 6 章です．

　コーシーはこの著作を第 1 部として，続く諸巻では微分と積分を主題にす
る予定だったのですが，思うにまかせなかったようで，取り急ぎ 1823 年の
時点で講義の要約を出版しました．書名をそのまま訳出すると，

　　『無限小計算に関してエコール・ポリテクニクで行われた講義の要
　　約』（以下，『要約』と略称）

となりますが，ここにはロピタルの著作の書名に見られた「無限小」という
言葉が使われています．

　1821 年の『解析教程』は基礎理論に終始して，微分も積分もまだまった
く語られなかったのですが，1823 年の『要約』は大きく二分され，前半で
は微分計算，後半では積分計算が叙述されています．微分計算では微分係数
の定義から説き起こされますが，その定義は今日のものと同じで，微分商の
極限の存在の有無が考えられています．積分計算では定積分の定義から始ま
りますが，それはいわゆる「コーシーの和」の極限の有無を論じるという方
式ですから，今日の理論構成と同じです．ただし，コーシーが定積分の理論
の対象にした関数は連続関数に限定されていました．ここを拡大して，一般
に有界な関数の定積分を考察したのはリーマンですが，コーシーの和を作っ
て，その極限が存在するかどうかを観察するという流儀はコーシーと同じで
す．それで，定積分の定義の基礎となる和を指して，今日では「コーシー＝
リーマンの和」と呼ぶ習慣が定着しています．

36

3. 解析学の厳密化とは何か

コーシーが開いた微積分の世界の風光

　コーシーの『解析教程』は西欧近代の解析学の歴史の中で画期的な位置を占めると評されることがありますが，今日の微積分ではコーシーが提案した理論構成がそのまま踏襲されていることですし，コーシーに格別の評価を割り振るのももっともなところはたしかにあります．コーシーが試みたことをひとことで言えば，「無限小のくびきからの解放」ということになると思います．

　無限小の観念は微積分の根幹であり，微積分はこの観念の自覚的認識とともに発生したのですが，知的に考えると矛盾をはらんでいるように見えますので，批判する人はつねにありました．オイラーのように無限小の世界が見えていた人にとっては「（無限小と無限大を合わせて）無限の世界」の実在感が揺らぐことはなく，つねに正しい果実が摘まれていたものですが，だれもがみなオイラーではありませんし，無限の世界を回避する道を模索する人もいました．代表的な人物のひとりはラグランジュで，『解析関数の理論』（1797 年）という本を書いてひとつのおもしろいアイデアを表明したのですが，コーシーはそのラグランジュに批判の目を向けて新たなアイデアを提示したのでした．

　コーシーのアイデアには無限小の観念はもう見られませんが，代わって「極限」の概念が全理論の根幹に位置を占めました．極限というのは，観念的に言えば「どこまでも限りなく近づいていく」という状勢を指し示しているのですが，近づいていくだけで，決して「到達する」ことはないのですから，無限小そのものや無限大そのものを想定することから免れています．また，「どこまでも限りなく近づいていく」という観念にとどまるのでは知的に見れば曖昧さが残るように見えますが，今日のいわゆるイプシロン＝デルタ論法のような定性的で，しかも定量的な概念規定を導入することにより，二つの不等式に帰着されてしまいますので（コラム「イプシロン＝デルタ論法」〈51 頁〉参照），素朴な疑問の発生する余地が事前に排除されています．

第 1 章　解析学の厳密化をめぐって

　コーシー以降の歴史的経緯をもう少し観察すると，大きく二つの流れが目に映じます．ひとつの流れはコーシーの数学的言明の誤りを正そうとする試みの系譜です．たとえば，コーシーは『解析教程』において連続関数の系列の極限になる関数はやはり連続であると主張して，証明まで書いていますが，これは無条件では成立しない命題です．実際，この著作が刊行されてまもないころ，ノルウェーの数学者アーベルはコーシーの言明をくつがえすみごとな反例を構成しました．

　もうひとつの流れは，コーシーが開いた解析学の基礎のそのまた土台を明るみに出そうとする営みで，具体的に言えば，デデキントが試みたような実数論の構築がこれにあたります．今日の微積分のテキストを見ると，連続関数の基本的性質として，「有界閉区間上の実数値連続関数は最大値と最小値をとる」という「ヴァイエルシュトラスの定理」と呼ばれる命題が提示され，証明が記述されていますが，その証明を根底から支えているのは「実数の連続性」です．

実数の連続性

　「実数の連続性」にはいろいろな表現様式があります．試みに杉浦光夫先生の著作『解析入門 I』をひもとくと，実数の世界において次に挙げる五つの命題はみな同等で，どれも「実数の連続性」を言い表していると記されています（同書，27 頁）．

（1）上に有界な集合（空集合ではないものとします）は上限をもつ．

（2）上に有界で単調に増加する数列は収束する．

（3）区間縮小法とアルキメデスの原理．

（4）「有界数列は収束する部分列をもつ」という定理とアルキメデスの原理．

（5）「任意のコーシー列は収束する」という命題とアルキメデスの

38

3. 解析学の厳密化とは何か

【コラム】連続関数列の極限は連続か．アーベルが指摘したコーシーのまちがい

連続関数列の極限あるいは連続関数を項とする無限級数の和は必ずしも連続ではありません．これをはじめて指摘したのはアーベルで，1826年1月16日付でホルンボエにあてて書かれた手紙に簡明な事例が記されています．高木貞治先生が『定本 解析概論』においてアーベルの手紙の該当箇所を紹介していますので，ここに再現したいと思います．

"x が π よりも小なるときには
$$\frac{x}{2} = \sin x - \frac{\sin 2x}{2} + \frac{\sin 3x}{3} - \cdots$$
であることは，確に証明される．そこで，$x = \pi$ でも，この等式が成り立つように思われるだろう．然るにそのとき
$$\frac{\pi}{2} = \sin \pi - \frac{\sin 2\pi}{2} + \frac{\sin 3\pi}{3} - \cdots = 0. \text{（不合理）}$$
このような例はいくらでも挙げられる…." （同書，168頁）

無限級数
$$\sin x - \frac{\sin 2x}{2} + \frac{\sin 3x}{3} - \cdots$$
は x の任意の値に対して収束します．極限となる関数のグラフは下の図のようになります．アーベルはこの手紙をベルリンで書きました．パリに向う途中だったのですが，前年秋にベルリンに到着して以来，なかなかベルリンを離れようとせず長期にわたって滞在を続けていました．コーシーの『解析教程』を読んだのもベルリンでのことで，コーシーの言明の誤りを示す例をたちまち見つけました．

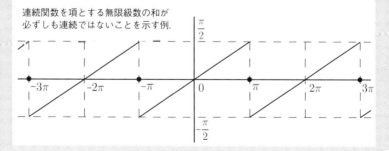

連続関数を項とする無限級数の和が必ずしも連続ではないことを示す例．

第 1 章　解析学の厳密化をめぐって

原理.

（3）と（4）と（5）は単一の命題ではなく，どれにも「アルキメデスの原理」が附随しています．アルキメデスの原理というのは，「任意の二つの正の実数 a, b に対し，$na > b$ となる自然数 n が存在する」という命題のことで，「自然数の系列はあらゆる限界をこえて増加する」と言い換えても同じことになりますが，ことさら原理などというほどもない明々白々な事実としか思えません．区間縮小法の区間というのは，この場合には有界閉区間のことで，有界閉区間の単調減少列 $I_n = [a_n, b_n](n = 1, 2, 3, \cdots)$ が考えられています．単調減少というのは，各々の区間 I_n がひとつ手前の区間 I_{n-1} に含まれているということを意味します．ここにもうひとつ，区間 I_n の幅 $b_n - a_n$ は n が増大していくのにつれて限りなく小さくなるという条件を課すと，そのとき，これらすべての区間に共通の点がただひとつだけ存在するという命題を指して，区間縮小法と呼んでいます．

あたりまえのように見える命題ばかりが並んでいますが，これらのうちどれでもかまいませんから任意にひとつを選定し，それを「実数の公理」と見て受け入れることにすれば，それを梃子にして上記のヴァイエルシュトラスの定理の証明が遂行されます．「実数の公理」そのものはなにしろ公理ですからそのまま受け入れるだけのことで，証明の対象ではありません．

ヴァイエルシュトラスの定理から出発すると微分法の「ロールの定理」が証明され，そこからさらに平均値の定理の証明が導かれます．さらに歩を進めると「ロピタルの定理」も証明されますし，次々と話が展開して微分法の世界が眼前に繰り広げられていきます．この状況は積分法でも同じです．積分法の根幹を作るのは，「有界閉区間上の連続関数は積分可能である」という命題ですが，その証明を支えているのは「有界閉区間上の連続関数は一様連続である」という事実であり，そのまた証明には「実数の連続性」が働いています．

40

3. 解析学の厳密化とは何か

　微積分の根底は実数の理論で支えられているという状勢が明らかにされた
のは，コーシーが開いた解析学の世界に生起した真にめざましい出来事です
が，数学史の方面ではこのような経緯を指して「解析学の厳密化」と呼ぶこ
とがあります．デデキントのほかに厳密化に寄与した人びとを回想すると，
カントール，ヴァイエルシュトラス，ハイネなどの名が即座に念頭に浮かび
ます．ほかにも多くの数学者がいろいろな形で貢献しました．

厳密化の契機をめぐって

　微積分の歴史においてコーシーが提案した新しいアイデアは，コーシー以
降の微積分の理論構成の範例となって今日に及んでいます．これまでの記述
の繰り返しになりますが，要点をもう一度，書き留めておくと，「いかにし
て無限小のくびきから脱却するか」というところにコーシーの工夫がありま
した．この道筋の工夫ということに関する限り，コーシーにはラグランジュ
という先達がいて，コーシーに先立ってラグランジュもまた独自の工夫を提
案したのですが，後輩のコーシーはラグランジュとはまったく別の道を選び
ました．

　コーシー以降の「解析学の厳密化」の模様についてはすでに概観したとお
りですが，このようにしてできあがった今日の微積分の目から見ると，コー
シー以前の微積分の世界はいかにも厳密性を欠いているように見えますし，
たいていの数学史の書物にもそのように記されています．厳密性の欠如を
もっとも鮮明に象徴しているのが無限小の観念で，これを放擲して理論構成
に成功したところにコーシーのアイデアの優秀さを見ようとするのですが，
この通説については微積分の勉強をはじめた当初から素朴な疑問がつきまと
いました．300年の歴史をもつ微積分の形成史を諒解するのはやはりむずか
しく，なかなか一筋縄ではいかないのです．

　コーシーは解析学を厳密化したという今日の通説はまちがっているとは言
えませんが，その動機はどのようなものだったのでしょうか．無限小の観念

第 1 章　解析学の厳密化をめぐって

に起因するあいまいさを回避したいという，単にそのことだけがコーシーの思索をうながしたのだとは思えません．それと，微積分という新しい数学の成立をうながした功績のある無限小の観念を，ライプニッツが微積分のアイデアを公表してから 100 年余ののちになってことさら「厳密ではない」と言い立てて捨て去ろうとするのはなぜなのでしょうか．

　よほどのことがなければそのような乱暴なまねはできそうにありませんが，根本的な動機となったのは，解析学の対象となる関数の範疇が大きく広がったという事実であろうと思います．

　オイラーが提示した関数概念は 3 種類まで数えられますが，一番はじめの関数，すなわち解析的表示式，さらに言い換えると，何らかの様式で表示される式にとどまるのであれば，しかも解析的表示式の範疇が適度に限定されているならば，微積分はあえてコーシーの登場を待たずともオイラーの段階ですでに十分に厳密でした．今，x は変化量とし，$f(x)$ は x と定量を用いて組み立てられる解析的表示式とするとき，関数 $y = f(x)$ はたいていの場合，というのはあまりにも複雑怪奇な式を持ち出さない限りという意味ですが，おのずと連続性を備えていますから，あえて連続関数と呼ぶまでもありません．微分の可能性についても，式の姿形を見ればたいていの場合おのずと明らかですから，やはり問題になりません．また，オイラーの世界では積分計算というのは微分計算の逆演算なのですから，微分計算が自由にできる範囲内であれば，積分計算もまた自在です．今日の微積分にはいくつもの定理が並び，それぞれの定理に細かな前提条件が課されていますから，微分と積分の計算にあたって定理を使用できるのかどうか，そのつど条件を検討してみなければなりません．微分可能性と積分可能性，極限と微分の順序交換，微分と積分の順序交換等々，計算の現場に自由はなく，かえって諸条件の吟味にこそ理論の本質が宿っているかのような印象があります．これに比べると，オイラーの世界はさながら桃源郷のようで，どこまでも朗らかで明るい光に満たされています．

42

3. 解析学の厳密化とは何か

　表示式の諸性質は式の形を見ただけでわかります．$y = x^2$ のような解析的表示式が指定されたとき，この関数のグラフは途切れのない放物線なのですから，関数の連続性は見ればわかります．というよりも，オイラーの流儀では，滑らかに伸びていく放物線の形状に着目して，これを連続曲線と呼び，暗々裡に関数 $y = x^2$ の連続性を示唆したのでした．また，放物線上のどの点においても接線を引くことができることはやはり見ればわかりますから，関数 $y = x^2$ の微分可能性は問題になりません．なぜなら，関数の微分可能性とその関数のグラフに接線を引くことができることは同等だからです．微分を作ると，$dy = 2x dx$ という微分方程式が得られます．万事がこんなふうにごく自然に進展します．

　昔，というのはもう半世紀をこえる時代のことになりますが，大学入試の受験問題に，「次の関数の定義域を記せ」というタイプの問題がありました．たとえば $f(x) = \dfrac{1}{x}$ という関数が与えられたとすると，この関数は $x = 0$ において値をもたないというので，答の定義域は「実数の全体から $x = 0$ を除去した場所」となります．この種の問題はいつしか消失し，今ではもうめったに見られません．

　一般的に言うと，今日の用語で関数というのは，定義域と呼ばれる集合 A から別の集合 B への 1 価対応を指す言葉ですから，関数を語る際にはそもそものはじめから定義域 A を指定しなければなりません．したがって，いきなり式を書いて，その定義域を明示せよというのでは，本末が転倒していることになります．

　ではありますが，こうも考えられます．定義域として開区間 $(0, 1)$ を指定し，この区間の上で式 $y = \dfrac{1}{x}$ を考えると，実数全体の作る集合の中に値を取る関数ができます．定義域を変えて，たとえば開区間 $(10, 100)$ を指定し，この区間の上で同じ式 $y = \dfrac{1}{x}$ を考えると，それぞれのグラフを描けば同一の双曲線の異なる一部分になるのですから相互に無関係とはとても思えないにもかかわらず，定義域が異なる以上，別の関数が考えられていること

43

第 1 章　解析学の厳密化をめぐって

になります．今日の関数概念を基礎に置けばそのように見ないわけにはいきませんが，そのほうが実は本末転倒なのであり，これらの二つの関数は同じひとつの関数の切れ端と見る視点もありうるのではないでしょうか．

　オイラーの関数には定義域という概念は附随していませんでした．式には式の形があり，それ自身ですでに何事かが主張されています．定義は定義ですから，「知」の要請にしたがえば，上記の二つの関数は別の関数ですが，同じ式 $y = \dfrac{1}{x}$ を考える場所を人為的に限定するのはやはり変なのではないかと「情」は感じてしまい，すなおに納得することはできません．「知」と「情」はここでも乖離しています．

厳密化の契機をめぐって（続）

　解析的表示式の範疇がある程度まで限定されているのであれば，微分と積分の計算は自由に行われて決して誤ることはないのですから，コーシーが試みたようないわゆる厳密化の問題は起りようがありません．

　有限変化量，すなわちつねに有限値を取る変化量 x から，その微分と呼ばれる無限小変化量 dx を作る手続きを確定する計算手順を示すことだけが課題ですが，それはライプニッツが発見した二つの基本演算

$$d(x + y) = dx + dy$$
$$d(xy) = ydx + xdy$$

のみに集約されています．解析的表示式が与えられたなら，そのつどこれらの演算を適用してその微分を作るまでのことですから，コーシーがそうしたように微分係数や導関数を定義する必要はありません．

　無限小の観念に対して向けられた批判はこの段階でもすでに発生していましたが，オイラーは動揺しませんでした．無限小がいやならはじめから比 $\dfrac{dy}{dx}$ を考えるようにすればよいことですし，あるいはまたダランベールのよ

44

3. 解析学の厳密化とは何か

うに極限の考えを経由してこの比を認識する道もあります．そのような，いわば方便の数々はオイラーたちも承知していました．弁明はさまざまに可能ですが，ただひとつ，オイラーが（それにライプニッツとベルヌーイ兄弟も）無限小の実在を固く信じていたことはまちがいのないところです．

　オイラーもすでに極限の概念を承知していたなどというと，なんだかコーシーの先駆者のようにも見えますが，コーシー以前の段階ではいろいろな見方のうちのどれを採用するのかということもいわば好みの問題にすぎず，根底にはいつも無限小の鮮明なイメージが控えていました．オイラーにとって無限小はそのままですでに強い実在感を備えた数学的存在なのですから，定義の対象ではありませんし，そもそも概念規定が必要とさえ感じていなかったのではないかと思います．今日の目には定義の欠如は論理性の欠如に通じ，曖昧さを誘因するようでもありますが，実際には，いわゆる論理的な定義の記述が成功するのは実在感が感知される対象についてのみであり，言葉のうえで何かしら概念を定義しても数学の思索の対象にはなりえません．デデキントは「有理数の切断」というアイデアを得て実数の定義を記述しましたが，その前にすでに実数の姿を感知していて，その実在を疑いませんでした．存在すると信じるものを言葉で言い表したのであり，「有理数の切断」によってはじめて実数が生み出されたのではありません．同様に，コーシーは関数の微分係数を微分商の極限として定義する前に，微分そのものを離れて微分商に着目するという視点を知っていました．

　知的もしくは論理的な視点に立脚すると観察事項の記述は精密になりますが，知的論理は本質的にトートロジー（同義反復）なのですから，新しい何物かを生む力はありません．数学的対象に寄せる実在感こそ数学の真実の泉であり，数学的発見という言葉の指し示すものの意味合いは，どこかしら論理をこえた場所に心身を置くときにはじめて明らかになるのではないかと思います．

　話をまた関数にもどしますと，コーシーにはコーシーの事情があり，どう

45

第1章　解析学の厳密化をめぐって

しても解析学の再編成を考えないわけにはいきませんでした．単にあいまい
なことを厳密にしたいというだけのことではなく，もっと深刻な理由があり
ました．それは，関数の範疇がだんだん拡大したことに起因して発生した状
勢の変化のことです．平明な解析的表示式を離れて抽象性の度合いの高い関
数を対象にするとき，そのような関数の微分と積分はどのように考えたらよ
いのでしょうか．

　たとえば，「ディリクレの関数」（c と d は異なる実数として，有理数に対し
ては c，無理数に対しては d を取る関数．$c = 0, d = 1$ として語られることが多
い）のようなものをも関数の仲間に入れることにすると，状勢はとたんに大
きく変化することは明瞭に看取されると思います．ディリクレの関数はグラ
フを描くことができませんから，連続なのか不連続なのか，見て判断すると
いうわけにはいきません．グラフが描けないために接線を引けるのかどうか
も定かではなく（引けないような気がしますが），グラフと x 軸で囲まれる図
形の面積を想定することもまたできません．$y = \varphi(x)$ をディリクレの関数
として，オイラーのように微分計算を実行して，$dy = A dx$ という方程式を
作ろうとするとき，微分 dx の係数 A を算出するにはどのようにしたらよ
いのでしょうか．そもそもこのような係数 A は存在するのでしょうか．

　このような状勢が現れるにいたった以上，従来のように自由自在に微分積
分の計算を楽しむことはもう許されなくなりました．たとえどれほど楽しか
ろうとも，いつまでも桃源郷に遊ぶことは許されず，コーシーは勇気を出し
て外の世界に踏み出していかなければならない状勢に直面したのでした．

コーシーの連続関数

　オイラーが解析的表示式という名のもとに導入した関数は，おおむね今日
の連続関数の世界を形成すると考えてよいと思います．「オイラーの連続関
数」に言及したリーマンの言葉に誘われてそのような結論にひとまず到達し
たのですが，オイラー自身には「連続関数」を直接語る言葉は見あたらず，

3. 解析学の厳密化とは何か

ただ「つながっている曲線」のイメージに仮託して関数の連続性の観念を示唆しようとしたのでした．連続関数の観念はここに始まるのですから，何度でも繰り返して強調しておきたいところです．

　それならオイラーの後に「関数の連続性」の概念を正真正銘，あからさまに規定しようとしたのはだれなのでしょうか．今日の微積分は関数の連続性の考察から説き起こされるのですから，そのはじまりがあるはずですし，かくかくしかじかの関数のことを連続関数と呼ぶという主旨の文言を書き留めた人が必ずいると考えられます．数学は人の心が創造する学問である以上，人びとがいつとはなしに連続関数ということを言い出したとは考えられないのですが，実際，既述のように，コーシーは『解析教程』の中ではっきりと連続関数の概念を表明しています（38頁，48-49頁参照）．おそらくこの著作が初出と思います．

　コーシーの『解析教程』の冒頭の第1章「実関数」の第1節は「関数についての一般的考察」と題されていて，関数の定義が記されています．このあたりはオイラーの3部作の第1作『無限解析序説』と同じです．コーシーの記述によれば，いくつかの変化量が相互に依存しあいながら変化するという状勢を想定し，それらの変化量のひとつに値が与えられるとき，その値から他の変化量の値がみな導かれるなら，その1個の変化量 x を独立変化量と呼び，独立変化量の変化に伴って変化する他の変化量のことを，x の「関数」と呼ぶというのです．これは「1変数関数」ですが，独立と見なされる変化量の個数が2個以上のことも考えられます．その場合には「多変数関数」が生じます．

　抽象的な1価対応を関数と見る流儀に比べると，コーシーの関数の定義は比較的受け入れやすいのではないかと思います．オイラーもすでに，解析的表示式とは別に，コーシーと同じ関数概念をもっていました．コーシーはオイラーを継承したのでしょう．

　このような関数概念を相手にして連続性の概念を考えようとすると，今度

47

第1章　解析学の厳密化をめぐって

は解析的表示式の場合のように「見ればわかる」というわけにはいきません
から，特殊な工夫を案出する必要があります．ここでまたしも繰り返しにな
りますが，関数の連続性を見て，そこに関心を寄せようとするコーシーの心
情の根底にあるものは，解析的表示式に連続性を看取しようとしたオイラー
の感受性です．このレベルにおいてコーシーはオイラーに共鳴しているとい
うほかはなく，ここには明らかに歴史的なものの成立が認められます．

　コーシーの『解析教程』の第2章は，

> 「無限小量・無限大量と関数の連続性．いくつかの特別な場合にお
> ける関数の特異値」

と題されていますが，その第2章の第2節の節題は「関数の連続性」という
もので，ここにおいて連続関数の概念に出会います．その模様は次のとおり
です．

> $f(x)$ は変化量 x の関数とし，与えられた二つの限界の間にある x
> の各々の値に対して，**この関数は常にただひとつの有限値をとる**と
> 仮定しよう．これらの限界の間に挟まれる x のある値から出発し
> て，変化量 x に限りなく小さな増加量 α を与えれば，関数自身は
> 増加量として差
>
> $$f(x+\alpha) - f(x)$$
>
> をとるが，この差は新たな変化量 α と，x の値に同時に依存する．
> このような状勢のもとで，これらの限界の間にある x の各々の値
> に対して，差
>
> $$f(x+\alpha) - f(x)$$

3. 解析学の厳密化とは何か

の数値が α の値とともに際限なく減少するならば，関数 $f(x)$ は変化量 x に指定された二つの限界の間でこの変化量の連続関数となる．言い換えれば，与えられた限界の間で限りなく小さな増加が関数自身の限りなく小さな増加を常に生み出すならば，関数 $f(x)$ はこれらの限界の間で x に関して連続となる．

変化量の概念を前提とする限り，これはこれで十分に受け入れやすく，心理的な抵抗は少ないと思います．

イプシロン＝デルタ論法をめぐって

今日では「集合から集合への１価対応」という関数概念が広く受け入れられていますが，この概念のはじまりを求めて歴史の流れをさかのぼると，またしてもオイラーに出会います．それはそれとしてオイラー以降の様子を見ると，コーシーの関数概念はまだここまではいかず，いくつかの変化量の相互依存関係の中から独立変化量を取り出すというアイデアに依拠していました．このような関数の起原もまたオイラーなのですが，明確に「１価性」を表明しているところはオイラーと異なっています．

「集合間の１価対応」という関数はきわめて抽象度の高い概念ですが，オイラーの後にこの関数概念を一番はじめに提示したのはディリクレで，初出は 1829 年のディリクレの論文，

　　「与えられた限界の間の任意の関数を表示するのに用いられる三角
　　級数の収束について」

です．これまでに何度か言及した「ディリクレの関数」もこの論文に出ています．ディリクレの論文のタイトルに「三角級数」の一語が見られることから想定されるように，ディリクレが関数概念の一般化を提案した背景には，

第 1 章　解析学の厳密化をめぐって

フーリエが創始したフーリエ解析の理論が控えています．関数概念に 1 価性を要請した理由もここにあります．三角級数（今ではフーリエ級数と呼ばれています）により表される関数は必然的に 1 価だからです．

　フーリエ解析についてはしばらく措き，オイラーの影響のもとでコーシーとディリクレが提案した 2 種類の関数は，連続性も微分可能性も，それに積分の可能性もまた，何もかもが不明瞭です．コーシーが関数の連続性の定義を与えなければならなかったのはそのためでした．『解析教程』に見られる連続性の定義では，変化量 x の関数 $f(x)$ が連続というのは，x の微小変化に対応する $f(x)$ の変化がやはり微小にとどまるということでした．さらに歩を進めてディリクレのように抽象的な 1 価対応としての関数 $y = f(x)$ を相手にすることになると，もう x も y も変化量ではないのですから，微小変化という表現は許されません．変化量が「変化する」という動的なイメージに依拠するのではなく，何かしら静的な概念規定が要請されるところですが，たとえばイプシロン＝デルタ論法（コラム「イプシロン＝デルタ論法」〈51頁〉参照）はこれに応えています．

　イプシロン＝デルタ論法は今日の微積分の姿をもっともよく象徴する論証法ですが，抽象度はきわめて高く，理解して駆使するのは容易ではありません．それでも「一様連続性」や「一様収束性」のように，この論法を基礎にしないと把握しがたい基礎的な諸概念はたしかに存在します．

　学ぶ側からすると，イプシロン＝デルタ論法というのはあまりにも奇妙な論法に見えて，どうしてこのような議論をするのか，困惑は絶えないのではないかと思います．そこで教える側も工夫して，$f(x) = x^2$ のようなごくかんたんな関数を例にとり，イプシロン＝デルタ論法により連続性を確認するというような作業を課したりするのですが，与えられた ε（イプシロン）に対して適切な δ（デルタ）を見つける手順の意味がわかりませんのでストレスが生じます．イプシロン＝デルタ論法によらないのであれば，x が a に限りなく近づくとき，$f(x)$ が $f(a)$ に限りなく近づくならば $f(x)$ は $x = a$ に

50

3. 解析学の厳密化とは何か

【コラム】イプシロン＝デルタ論法

『定本 解析概論』の第1章，第10節「連続函数」に連続関数の定義が書かれています．関数 $f(x)$ の連続性について，高木先生はまず，

変数 x が限りなく一つの値 a に近づくとき，$f(x)$ もまた限りなく $f(a)$ に近づくならば，$f(x)$ は $x=a$ なる点において連続であるという．

という定義を書きました．これは日常語による表現ですが，続いて少し書き換えて，

$f(x)$ が $x=a$ なる点において**連続**であるとは，
　　$x \to a$　　のとき　　$f(x) \to f(a)$
であることにほかならない．

と言い換えました．この表現では記号が使われていますが，まだ日常語の域を出ていません．ところが高木先生はさらに言葉を継いで，「常例の型で，いわゆる $\varepsilon - \delta$ 式にいえば」と前置きしたうえで，$f(x)$ が $x=a$ において連続である場合には，

正なる ε が任意に与えられたとき，それに対応して正なる δ を適当に取って
　　$|x-a|<\delta$　なるとき，$|f(x)-f(a)|<\varepsilon$
ならしめうるのである．

と二つの不等式を書きました．ここまでくるともう日常の言葉とは言えません．高木先生は言い換えを繰り返しただけですから，どれもみな同じことを言っているように聞こえますが，最後の言い回し，すなわち二つの不等式を用いた表現を連続性の定義として採用しようとする流儀が広く行われています．ここには二つのギリシア文字イプシロン（ε）とデルタ（δ）の姿が見られますので，この流儀を指して「イプシロン＝デルタ論法」と呼んでいます．

（出典：高木貞治『定本 解析概論』岩波書店，2010年，24頁.）

第 1 章　解析学の厳密化をめぐって

おいて連続であるという言い方をしますが，直観的にはこれでよいとしても，厳密性を欠くというので退けられることになります．ですが，こちらのほうは「情」が受け入れますのでストレスはありません．「知」と「情」の乖離がここでも目に映じます．

定義の文言の歴史的背景を見る

　ストレスが発生するのは定義の文言に意味を求めるからで，イプシロン＝デルタ論法による連続性の定義の文言それ自体には意味はないのですから，ないものねだりです．そこで考えをあらためて，どうしてこのように定義するのだろうという素朴な疑問を放棄することに決めてかかれば，数学はとたんにかんたんになります．イプシロン＝デルタ論法で連続性を定義するというのですから，意味は考えないことにしてそのまま受け入れることにしてみます．すると数学はやさしい暗記ものと化し，あらゆる困難はたちまち消失し，平坦な道がどこまでも続く平穏な光景が眼前に広がります．ただし，この景色には色彩が欠如していて魅力がありませんし，何かしら新しいものを生む力はここにはありません．

　定義の文言それ自体には意味はありませんが，そのような文言が発生するにいたった理由には意味があり，歴史をたどれば明瞭に感知することができます．関数の連続性に例をとれば，イプシロン＝デルタ論法は $f(x) = x^2$ のような単純な関数の連続性を認識するために生れたのではなく，「ディリクレの関数」のような関数の連続性を語ることができるようにするために編み出された概念装置です．関数 $f(x) = x^2$ のように式で表された関数の連続性は「見ればわかる」のですから，イプシロン＝デルタ論法の出る幕はありません．このようなかんたんな関数の連続性をイプシロン＝デルタ論法で確かめるようなことは無意味ですから，そのような練習はやめて，はじめから「ディリクレの関数」のような関数を相手にしてイプシロン＝デルタ論法を適用する試みを重ねるのがよいのではないでしょうか．

52

3. 解析学の厳密化とは何か

結果を書き留めておくと,「ディリクレの関数」はあらゆる点において不連続です.解析的表示式のような「見ればわかる」関数の世界から,「ディリクレの関数」のように「見てもわからない」関数を取り上げなければならない事態に逢着し,そのために連続性の概念の言い回しが工夫されたのですが,この経緯を通じて着目しなければならないのはただひとつ,「見てもわからない」関数を数学的思索の対象として設定しなければならなくなったきっかけは何か,というところだけです.この論点の解明に取り組むことにこそ,数学史研究の本来の面目があります.

「厳密な解析学」の退屈さ

コーシーのアイデアを受けて成立した「厳密な解析学」について,もうひとつ,書き留めておきたい注意事項があります.それは,この解析学はさっぱりおもしろくない,という一事です.

微積分というものの一端を知りたいと思い,高木貞治先生の著作『解析概論』(岩波書店,初版,1938 年)をはじめて手にしたのはたしか高校 3 年生のときでした(実際に入手したのは 1961 年に刊行された改訂第 3 版です).数学書の紹介記事などに必ずといっていいほど繰り返し登場しますので,ごく自然に書名を覚え,購入することになったのですが,高校時代には受験勉強もありますので本格的に読みにかかるにはいたりませんでした.それでも折に触れてぱらぱらとページを繰って眺めたのですが,読んでもわからないだろうという不思議な印象を当初から受けたものでした.

その後,大学生になってからのことですが,必ず微積分を理解しようというほどの意気込みで時間をかけて取り組みましたが,退屈で弱りました.微積分の基礎は実数論にあるという触れ込みもしきりに聞こえてきましたので,能代清『極限論と集合論』(岩波書店,1944 年)などという本を入手したり,デデキントの著作『数について――連続性と数の本質』(岩波文庫,1961 年)も購入したりしました.全体の印象はどうもかんばしくなく,わかったとは

第1章　解析学の厳密化をめぐって

言えない状態が長く続き，微積分はむずかしいとつくづく思いました．

　高木先生の『解析概論』では，冒頭に，実数，極限，関数，関数の連続性などの話題があり，それから章をあらためて，

　　微分法（第2章）

　　積分法（第3章）

　　無限級数（第4章）

　　解析関数論（第5章）

　　フーリエ級数（第6章）

　　（第7章は微分法の続き）

　　多変数関数の積分法（第8章）

　　ルベーグ積分（第9章）

と続きます．今日の微積分のテキストの原型になった作品で，数学の歴史に触れる言葉にもあちこちで出会います．

　『解析概論』には，コーシー以前の微積分は厳密性への配慮を欠いていたけれども，コーシー以後，いろいろな人びとの尽力によりまずまず安全な微積分を組み立てることができるようになったという主旨の記述がありました．ところがコーシー以前の「厳密ではない微積分」というものに対して何も印象がないのですから，どこがどのように厳密になったのか，鮮明に理解することはできない道理です．ここに根本的な問題があるとして，そのうえでなお，微積分のねらいというか，何のために組み立てられた理論体系なのかという点はいつまでも不明瞭でした．

　他方，このような疑問はそれはそれとしてひとまず脇に置き，「デデキントの切断」からはじめて，書かれているとおりにそのまま読んでいくという態度に徹するならば，定義も定理も証明もみな平明に展開していくのですから，どこにもむずかしいところはありません．『解析概論』を離れて他の数

学書を読むようになったときにも，『解析概論』の体験と同様の事態が繰り返されました．これを要するに，歴史的契機に目を留めないから「むずかしくないのにわからない」ということになりそうです．

微積分でしたら，「厳密な微積分」の前に存在したという「厳密ではない微積分」の姿を明瞭に知らなければなりませんし，そのような初期の微積分が生れるにいたった基本契機，言い換えると**微積分はどのような数学的状勢を理解**しようとして**作られたのか**ということを，深く認識しなければなりません．これらを踏まえてはじめて，「厳密な微積分」の意義も，もしあるとするならばの話ですが，明るみに出されるのではないかと思います．これは数学のどの理論についても言えることで，物理や化学のような自然諸科学とは違い，数学は歴史的に成立する学問であると，今では強く確信するようになりました．

ヨハン・ベルヌーイからオイラーへ

今日のいわゆる「厳密な解析学」がさっぱりおもしろくないのは，何をめざしている学問なのかという問い掛けに対して何のメッセージも伝わってこないからです．これは定義の意味がわからないというのとは別の，いっそう根の深い現象です．定義の文言に意味がないことは既述のとおりですが，理論それ自体が目標とするところもまた見えません．関数の概念を導入して連続性を語り，微分や積分を論じても，何のためにそのようなことをするのか，微積分のテキストは何も教えてくれません．形式的な細かい議論がどこまでも続くばかりで，学ぶほどに心細い感じがつのります．

草創期の微積分は「曲線を理解すること」をめざしていました．曲線を理解するというのは，微分計算で言えば，任意の点において接線を引いたり（接線が存在する場合のことですが），法線を引いたり，曲がり具合，すなわち曲率を算出したりすることを指しています．曲線上には接線の存在しない点，すなわち特異点が存在することもありますが，そのような点の近傍で曲線の

第 1 章　解析学の厳密化をめぐって

形状を描くことも微分計算の守備範囲です．これに加えてさらに，漸近線を求めたり，無限の遠方での挙動を調べたりすれば，曲線の概形を相当に精密に描くことができます．この手順を踏むための大前提はただひとつ，曲線を表示する方程式が明示されているという一事です．

　これに対し，初期の積分計算は何をめざしていたのかといえば，たとえば曲線で囲まれる領域の面積や，曲線の弧長を求めたりすることは一般に求積法と言われて積分計算の対象でしたが，これらは氷山の一角にすぎません．ヨハン・ベルヌーイの積分計算の講義録などを参照すると，実にさまざまな問題が並んでいて壮観です．曲線の局所的な姿形が指定されたとき，曲線の全容を再現することをめざそうとするところに，積分計算の対象とする問題群に共通の特徴が認められます．微分も積分も関心の中心は等しく「曲線の諸性質」に注がれていて，求積法もまた曲線の理論の枠内におさまります．めざしていることはきわめて明確で，ひとつの問題が解決されると，次はどんな問題が提示されるのだろうと興味を駆り立てられて，どこまでもおもしろく読み進むことができます．

　ヨハン・ベルヌーイからオイラーに移ると微積分の姿に変化が見られます．ヨハン・ベルヌーイの積分計算で取り上げられている諸問題の解法を実際に遂行すると，すべては微分方程式を解くことに帰着されますが，オイラーの著作『積分計算教程』（全3巻）ではこの観点が全面的に繰り広げられて，いろいろなタイプの微分方程式とその解法が次々と現れます．オイラーの積分計算というのは微分方程式の解法理論なのであり，曲線へのこだわりはもうありません．これは微分計算についても同様で，オイラーの微分計算の実体はいろいろな関数の微分を作る手順を示す方法のことであり，抽象の度合いは非常に高く，もはや曲線の理論とは言えません．

オイラーの三つの関数

　当初は今日のいわゆる「厳密な微積分」はどうもおもしろ味に欠けること

3. 解析学の厳密化とは何か

を指摘して，どうしてなのかという話をしたいと考えていたのですが，そうすると勢いのおもむくところおのずと微積分の草創期の回想へと向ってしまいました．初期の微積分は無限解析もしくは無限小解析と呼ばれていましたが，この理論は曲線の性質を精密に知りたいという強い欲求から生れたのですから，目的地は明確ですし，おもしろいこともまた無類です．曲線の解明をめざすというのであれば，この課題はライプニッツとベルヌーイ兄弟による無限解析の手法（微分計算と積分計算）の発見により，少なくともデカルトやフェルマのような人びとが提出した諸問題についてはほぼ完全に解決されたと見てよさそうです．それなら，ここから先の無限解析は何をめざしていくことになるのでしょうか．この問いを念頭に置きつつ，しばらくオイラーの関数概念を回想したいと思います．

ヨハン・ベルヌーイからオイラーに移ると，無限解析の様相は大きく変ります．関数の概念が導入されたことが分れ道になり，曲線から関数へと主役が交代しました．

関数概念が語られた経緯を振り返ると，この概念はオイラーの解析学3部作の第1作『無限解析序説』で導入されたのがはじめですが，その関数というのは解析的表示式のことで，曲線を関数のグラフとして認識しようとしたところにオイラーのアイデアの根幹がありました．オイラーの眼前には多種多様な曲線があり，おおよそ60種類ほどに達していたと思いますが，それらの曲線はどれもみな適切な解析的表示式のグラフとして把握されそうに思えます．そこでオイラーは解析的表示式としての関数を「曲線の解析的源泉」と見て，関数の諸性質に基づいて曲線の性質を理解しようとする視点を打ち出したのでした．

オイラーには変分法の確立という大きな課題があり，そのためにどうしても関数概念を提示しなければならなかったのですが，この論点についてはここではこれ以上立ち入ることはできません．

解析的表示式を第1番目の関数として，オイラーはこのほかにもなお2種

第1章　解析学の厳密化をめぐって

類の関数概念を提案しました（13-15頁参照）．前に詳述したとおりですが，ひとつは「曲線の観察を通じて認識される関数」です．曲線 C 上の各点 P から軸に向って垂線 PM を降ろし，軸の始点 A から交点 M にいたる線分，すなわち切除線の長さを測定してこれを x で表します．次に，曲線 C 上の点 P から交点 M にいたる線分，すなわち向軸線の長さを y で表すと，これで「量 x に対して量 y が対応する」という状勢が現出します．オイラーは弦の振動の様子を記述する問題の考察の中でこのような「対応の規則」に着目し，関数と呼んだのですが，前にこれを第3番目の関数に数えました．

　この第3の関数では「対応の1価性」が要請されたわけではなく，曲線の観察において切除線に対応する向軸線はいくつも存在する可能性がありますから，一般的に考えるとオイラーの念頭には多価関数が描かれていたのであろうと思われます【図1-3】．

　後年，ディリクレが提案した関数では x と y はもう変化量ではなく，x に y が対応するというところに主眼が注がれています．そういうところはオイラーの第3の関数と同じですが，その対応に1価性が課されているところにオイラーとの相違が認められます．ディリクレの関数は「集合間の1価対応」という今日の抽象的な関数概念の原型になりました．

　オイラーの第2の関数についても前に紹介しました．一般的に考えると x の第2の関数 y は必ずしも x の解析的表示式にはなりえませんから，第2の関数概念のほうが解析的表示式よりも守備範囲の広い概念です．これはオイラー自身が『微分計算教程』の序文において挙げている例ですが，大砲に火薬を詰めて砲弾を発射するという状勢を想定する場合，時間 t の後の砲弾の位置を示す水平距離を x，垂直距離を y，発射角度を α，火薬の量を m などとすれば，t，x，y，α，m は相互に依存し合いながら変化する変化量です．発射角度と火薬の量を固定すれば α と m は定量になり，y と t と x のひとつ，たとえば y は，オイラーの第2の関数概念の意味において残る二つの変化量 t と x の関数になりますが，これをはじめから解析的表示

58

3. 解析学の厳密化とは何か

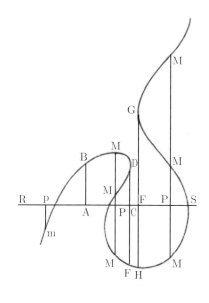

例．3価関数を誘発する曲線
・軸RS上の点Pに対応する曲線上の点Mは3個存在する．
・軸RS上の点pに対応する曲線上の点mは1個存在する．
・軸RS上の点Aに対応する曲線上の点Bは1個存在する．
・軸RS上の点Cに対応する曲線上の点はDとFの2個．
・軸RS上の点Fに対応する曲線上の点はGとHの2個．

（出典：オイラー『無限解析序説』1748年．）

【図1-3】多価関数を誘発する曲線

式に限定して考えるわけにはいきません．

　もし y が x の解析的表示式なら，第2の意味でも第3の意味でも y は依然として x の関数ですし，第2の関数はおのずと第3の関数でもあります．一番広範囲に及ぶ関数は第3の関数で，次は第2の関数，一番特殊に見えるのが第1の関数，すなわち解析的表示式です．

関数の連続性と微分積分の可能性をめぐって

　今日の微積分では，関数というとすぐに連続性とか，微分可能性，積分可能性などが問題になります．連続だが微分可能ではない関数（中にはいたるところで微分係数をもたない連続関数さえ存在します），微分可能ではあっても導関数が連続ではない関数，2回までなら微分可能でも，2階導関数が連続

第 1 章　解析学の厳密化をめぐって

ではない関数などの具体例が次々と示されます．無限回微分可能で，テイラー級数を作ることができて，しかも収束するにもかかわらず，その級数で表される関数ははじめに提示された関数と一致しないという事例さえあります．連続性や微分可能性の概念をイプシロン＝デルタ論法で規定して，例示された関数が所定の条件を満たすのかどうか，定義の文言に沿ってひとつひとつ確かめていくことが，微積分を学ぶ際に課される具体的な作業になります．

　積分についても事情は同様です．積分というと，大きく分けてリーマン積分とルベーグ積分の 2 種類が念頭に浮かびますが，「厳密な解析学」を学び始めてまずはじめに出会うのは有界閉区間上の連続関数，あるいはより一般に有界関数の定積分の概念で，「コーシー＝リーマンの和」，あるいは単に「リーマンの和」と呼ばれる和の極限を考察するという手順を踏んで定義が書き下されます（コラム「コーシー＝リーマンの和」〈5 頁〉参照）．この定義が確立されたのは 19 世紀になってからですが，それまでは関数 $f(x)$ の定積分というのは $f(x)$ の原始関数，すなわち導関数が $f(x)$ になる関数，すなわち $F'(x) = f(x)$ となる関数 $F(x)$ の取る「値の差」のことでした．有界閉区間 $[\,a, b\,]$ 上の関数 $f(x)$ の定積分は，

$$\int_a^b f(x)dx = F(b) - F(a)$$

と算出されるのですが，これでは「値の差」を積分と呼ぶ理由がわからないという批判を受けそうですし，しかもその批判に一理がある印象は否めません．関数の積分はそれはそれとして独自に規定して，そののちに原始関数との関連を明らかにするというふうに進むのがよさそうに思えるところですし，高木先生の『解析概論』をはじめとして今日の微積分のテキストはそのように進行します．それもまた解析学の厳密化の一環で，コーシー＝リーマンの和による定積分の定義を俟って積分の理論ははじめて厳密性を獲得したと

60

3. 解析学の厳密化とは何か

いう評価がほぼ確定し，広く共有されているように思います．

　コーシー＝リーマンの和という用語を見ても推定されるように，リーマン積分の呼称に名を刻んだリーマンにはコーシーという先駆者がいて，リーマンはコーシーを踏襲したのですが，根幹を作るアイデアは通底しながらも大きく異なるところもあります．一番はじめに問題になるのは，コーシーとリーマンが積分の対象として取り上げた関数の種類を見きわめることですが，コーシーはオイラーの第2の関数概念を踏襲しています．すなわち，二つの変化量 x と y が相互に依存し合いながら変化する状勢を思い描き，一方の変化量 y をもう一方の変化量 x の関数と見るという見方に足場を求めるのですが，そうすると，観念的に考える限り，y は必ずしも x の解析的表示式ではないことになります．

　これに対し，リーマンは抽象的な1価対応を取り上げました．リーマンはディリクレの影響を受けて「完全に任意の関数」のフーリエ級数展開の可能性を究明したのですから，当然のことと言わなければならないところです．ただし，有界ではない関数のコーシー＝リーマンの和の極限を考えるのはむずかしく，リーマンは「有界な関数」に限定して定積分の存在の有無を考えていくという方針を定めました．

　いずれにしても解析的表示式の世界から離れて抽象度の高い関数を考察しようというのですから，コーシーもリーマンも関数の諸性質を語るための足場を固めておかなければなりません．たとえば，関数の連続性について語ろうというのであれば，関数が連続であるとは何を意味するのかということを前もって決めておかなければならないのですが，コーシーの『解析教程』に見られる連続性の定義はこの要請に応えています．リーマンの場合でしたら，どうしてもイプシロン＝デルタ論法に依拠するより仕方のないところです．

　微分や積分の可能性についても，個々の概念をひとつひとつ定義していくことになりますが，オイラーの第1番目の関数，すなわち解析的表示式についてはこのようなあれこれはまったく問題になりません．なぜなら，この種

61

の関数の諸性質は式そのものの中に宿っていて，式の形を見ればすべてが一目瞭然だからです．実際，オイラーには関数の連続性や微分，積分の可能性を語る言葉はありません．いろいろな解析的表示式を次々と提示して，即座に微分を作っていくのですが，その模様をていねいに描写したのが解析学3部作の第2作『微分計算教程』です．

「定義する」ということ

　ひとまず数学史の通説を復習すると，おおよそ次のようになるのではないかと思います．何よりもまず草創期の微積分には「無限小」という理解しがたい観念がつきまとい，そのため論理的に厳密な理論とは言えないという批判が絶えませんでした．微積分を推し進めた当事者たち，すなわちライプニッツやベルヌーイ兄弟やオイラーはこのような批判はそれはそれとしてもっぱら理論展開に関心を示し，厳密性には頓着せずに豊穣な果実を摘むことに専念しました．これに対しラグランジュやコーシーは微積分の厳密化に関心を寄せ，理論構成に工夫を凝らしました．ラグランジュの試みは成功したとは言えませんが，コーシーは成功し，コーシーを継承して成立した「厳密な微積分」の範例になりました．

　厳密化の要点を具体的に挙げると，

　　・実数の概念の表明と実数の連続性の認識
　　・関数の連続性の概念の厳密な定式化
　　・無限級数の収束性の概念の確定
　　・関数の微分可能性の概念の表明
　　・定積分の概念の表明

などが即座に思い浮かびます．

　おおよそこのような見方が広く流布しているのではないかと思いますが，

3. 解析学の厳密化とは何か

それなら初期の微積分は厳密性を欠いていたのかというとそんなことはありません．コーシーの試みは何に由来するのかというと，関数の概念が大きく拡大されて解析的表示式を包摂する数学的現象が生じたためで，オイラーのいう第2，第3の関数の連続性や微分，積分の可能性を論じるためには，どうしても適切な概念規定を表明する必要に迫られたのでした．コーシーとコーシーに続く厳密化の担い手たちは，厳密ではない理論を厳密にしたいという素朴な知的欲求に突き動かされたのではなく，どうしてもそうしなければならない数学上の理由があったと見るほうが適切であろうと思います．

今日の数学の記述スタイルに慣れた目で見ると，数学では定義がなければ何も語れないとついつい思いがちですが，実際には定義の対象になる何物かは定義に先立って実在し，数学者たちの「実在感」はそれらをいつも的確に感知するのが通常の姿です．言葉で言い表された定義という名の文言は必ずしも必要ではなく，実数や関数の連続性，微分，積分の可能性などのように，どうしても必要になったときにはじめて適切に工夫されることになりますが，さまざまな思索の重なりに応じて定義の姿は次第に変遷していきます．

関数の連続性を言い表す方法をめぐって

関数概念が拡大されて，オイラーの第2，第3の関数が解析学の守備範囲に入ってくるようになり，そのような関数の連続性および微分と積分の可能性を具体的に言い表すことが要請される場面が現れました．ここでまた繰り返して強調しておきたいのですが，関数の名のもとに解析的表示式だけしか考えないのであれば，式の形を見るだけでいっさいが明白なのですから，連続性についても微分，積分の可能性についても考えることは何もありません．

オイラーの第2の関数の初出はオイラーの3部作の第2作『微分計算教程』の序文ですが，もう一度復習しておくと，変化量 x が変化するのに応じて，もうひとつの変化量 y もまた変化するとき，y を x の関数と呼ぶのでした．以下，y が x の関数であることを，$y = f(x)$ と表記することにし

63

第1章 解析学の厳密化をめぐって

ます．この関数の連続性について語りたいのですが，ここに重要な論点が存在することを自覚したところにコーシーの工夫がありました．前にコーシーの著作『解析教程』から関数の連続性を語る言葉を引きましたが（48-49頁参照），ここでもう一度，回想したいと思います．コーシーの定義によれば，「x がごくわずかに変化するとき，y もまたごくわずかに変化する」という状勢を指して，y を x の連続関数と呼ぶのでした．y が x の解析的表示式であれば一目瞭然であることを，わざわざ表立って言い表すと，このような文言になるのでしょう．

これをさらに言い換えると，ごく小さな量 α に対し，対応する y の値の差 $f(x + \alpha) - f(x)$ もまたごく小さいということになりますが，なお一歩を進めて「ごく小さい」というところを定量的に表現すれば，いわゆるイプシロン＝デルタ論法による言い回しが成立しそうです．すなわち，差 $f(x + \alpha) - f(x)$ の「小ささ」を正数 ε を指定することによって具体的に表示し，その程度の「小ささ」をもたらす「小さな増加量 α」の「小ささ」を δ で表します．すると，

　　任意の正の数 ε を指定するとき，これに対応して何かある正の数 δ を適当に取ると，$|\alpha| < \delta$ となる任意の数 α に対して $|f(x + \alpha) - f(x)| < \varepsilon$ となる．

というふうになります．これがイプシロン＝デルタ論法による関数の連続性の表現です．正数 ε はどれほど小さくてもさしつかえないのですし，実際のところ，「どんなに小さな正数 ε が指定されたとしても」と言いたいのですが，これを避けてあえて「任意の正の数」と言ったのは，「どれほど小さくても」という主観的な匂いのする語句を避けて客観性を演出するための工夫です．こうして**関数の連続性は二つの不等式に分解**されてしまいました．

上記の連続性の表現にはどことなく大域的な感じが伴っています．それは，

64

与えられた ε に対応して指定されるのが α の大きさだけで，x については何も条件が課されていないように見えるからなのですが，実際には δ は ε のみならず x にも依存して定まります．もし δ が x とは無関係に，すなわちすべての x に対して同じ δ が定まるのであれば，上記の連続性は「一様連続性」にほかなりません．今日の微積分のテキストで単に「関数が連続」と言えば，各点ごとに規定されるのが普通で，まずはじめに「定義域に所属する一点 $x = a$ において連続」という概念を定め，そのうえで，あらゆる点において連続な関数を指して単に連続関数と呼ぶことになります．コーシーの念頭にあったのは「各点ごとの連続性」のみで，一様連続性の概念の把握にはいたっていなかったと判断してよいのではないかと思います．

　一様連続性は「有界閉区間上の連続関数は積分可能である」という，リーマン積分論の基本定理の証明のために不可欠な概念ですが，正確に表現するには日常語では少々無理で，イプシロン＝デルタ論法が有効です．

4 ──── 解析関数の世界

曲線をこえて

　今日の微積分のテキストで一貫して主役の位置を占めるのは「関数」それ自体であり，関数の連続性から始まって，微分可能性，積分可能性，無限級数や無限積への展開の可能性などが事細かに調べられていきます．関数の諸性質の究明ばかりがどこまでも続くのですが，関数とは何か，あるいはまた，関数の調査がどうして重要なのかという根本のところに言及されることはありませんから，微積分とはいったいどのような学問なのか，さっぱり腑に落ちない状態が際限なく続きます．曲線に接線を引いたり，曲線の概形を描い

たり，弧長を算出したり，曲線で囲まれる領域の面積を算出したりという種類の問題にもときおり出会いますが，それらは微積分のかんたんな応用例として語られるにすぎません．今日の微積分はいかなる地平をめざしているのか，素朴な疑問は尽きませんが，もはや無限解析のはじまりのころの曲線を理解するための理論とはとうてい言えないことはまちがいなく，何かしら数学全体の基礎理論としての役割を担っているかのような印象があります．

　このような兆候はオイラーの3部作の第2作『微分計算教程』にもすでに現れていました．この著作ではオイラーの関心は解析幾何を離れ，多種多様な関数を対象とする微分計算の世界の諸相を明るみに出そうとすることにもっぱら注がれているように思います．ロピタルの著作のように，曲線の諸性質の解明のためというような明確なねらいは見受けられず，オイラーの心は関数の微分の計算様式そのものに向けられています．なんのためなのか，『微分計算教程』を見るだけではさっぱりわかりません．3部作の第1作『無限解析序説』で曲線の「解析的源泉」として関数概念を導入したのはほかならぬオイラーその人なのですし，卓抜なアイデアであることもまたまちがいないところですが，こうしてみるとオイラーにとって重要なのは関数概念そのものなのであり，『無限解析序説』の真意はただ，関数概念を導入するきっかけを語ることだったのではないかとさえ感じられます．オイラーは曲線の根底に関数概念を発見して抽出するとともに，数学の他の諸分野にこの概念の有効な活躍の場が開かれていることを，同時に認識したのでしょう．3部作の第3作『積分計算教程』は全3巻という大きな著作ですが，オイラーのいう積分計算の実体は微分方程式の解法理論であり，さまざまなタイプの微分方程式が次々と取り上げられていきます．

　1742年に刊行されたヨハン・ベルヌーイの全集（全4巻）には微分計算の講義録は収録されていませんが，20世紀に入ってバーゼル大学の図書館で発見されました．それを見ると，内容はロピタルの著作『曲線の理解のための無限小解析』（1696年）と同じで，眼目は曲線の諸性質を理解すること

4. 解析関数の世界

した．これに対し，積分計算の講義録は全集に収録されていますが，その
テーマは「何かしら曲線が満たすべき性質を指定して，そのような性質をも
つ曲線の全容を復元すること」でした．どのような性質が指定されるのかと
いうと，一般に接線の方程式を通じて表明されるところに共通の属性が見ら
れます．接線に関する情報に基づいて曲線の全容の復元をめざす方法はライ
プニッツ以来**逆接線法**と言い慣わされてきましたが，接線の極小部分の方程
式は $Adx + Bdy = 0$ という形の方程式で表されますので，これを微分方程
式と見ると，曲線の全体像の復元作業とは微分方程式を解くことにほかなら
ず，しかもそれは積分計算もしくは積分法という名で呼ばれていました．逆
接線法の実体が積分計算です．

　ヨハン・ベルヌーイの積分法講義録のテーマはあくまでも曲線の復元法で
あり，どこまでも曲線を離れません．ところがオイラーの積分計算はだいぶ
様子が違い，曲線とは無関係な微分方程式に次々と出会います．もう曲線の
理論とは言えませんが，微分方程式の視点から見れば逆接線法の実体は微分
方程式の解法なのですから，一般に曲線とは無縁の微分方程式の解法理論を
も積分計算もしくは積分法と呼ぶのは一理があります．

　オイラーは関数の微分積分の計算を自在に繰り広げていますが，微分や積
分の可能性については語りません．解析的表示式の微分積分は式の形を見れ
ば遂行されるのですから，可能性などはそもそも問題にならなかったのです．
それと，オイラーの無限解析には，微分と積分が逆演算であることを主張す
る「微積分の基本定理」の姿は見あたりません．もとよりオイラーは微分と
積分が互いに他の逆演算であることを承知していましたが，それは微積分の
計算の基本ですからあたりまえのこととして認識していたのであり，定理と
いう呼称は当てはまりません．

再びリーマンの学位論文へ

　関数をめぐる話もようやく一段落しそうなところにこぎつけましたが，こ

第 1 章 解析学の厳密化をめぐって

のあたりで再びリーマンの学位論文「1 個の複素変化量の関数の一般理論の基礎」(1851 年) に立ち返りたいと思います．この論文をはじめて読もうとしたのは 20 代のはじめですが，冒頭の数行を見ただけでたちまちはねかえされてしまい，大いに困惑したものでした．リーマンの論文の「理解しにくさ」はいかにも独特で，書かれていることがさっぱりわからないというのではなく，わかるような気がするけれどもやはりわからないというか，さながら雲をつかむようなあてどない心情に襲われたものでした．それから幾度となく挑戦を繰り返したのですが，ようやく最後まで読み通して最初の翻訳稿ができたころには 30 代の前半になっていましたから，日夜打ち込んでいたというわけではないにしても，かれこれ 10 年ほどの歳月を要したのでした．

　翻訳の第 1 草稿ができてもすみずみまでわかったということはなく，訳文の推敲を繰り返して，また数年がすぎました．今にして思うのは，リーマンの読み難さは論理や表記に起因するのではなく，リーマン面のようなリーマンに固有のアイデアの斬新さについていくのがつらいためでもなく，正則関数の概念の提案に始まり一意化定理に終るという構想の雄大なことに圧倒されて萎縮してしまうためでもなく，数学の歴史を回想するリーマンの心情に共鳴するのがむずかしかったためだったのではないかということです．数学史に屹立する偉大な数学者リーマンは同時に歴史を見る目の持ち主でもあり，フーリエ解析も複素解析もアーベル関数論も多様体論も素数分布の考察も，どれもみな創意に富む歴史的回想とともに説き起こされています．リーマンを理解するための鍵は歴史にあり，学位論文についてであれば，なにしろ冒頭で「オイラーの連続関数」が語られているのですから，リーマンに影響を及ぼしたオイラーの思索を追体験することが要請されるのでした．

　オイラーの解読が進むにつれて，リーマンもよくわかるようになりました．もっともこれはリーマンに限ることではなく，アーベルもヤコビもディリクレも，それにガウスでさえも，深く理解しようと望むのであればどうしてもオイラーから出発しなければなりませんでした．

4. 解析関数の世界

　リーマンは学位論文の書き出しのところでディリクレ直伝の関数概念を語り，次いで関数の連続性を語りました．リーマンによれば，変化量 z の（ディリクレの意味での）関数 w が連続というのは，z が連続的に変動するとき，それに対応して w もまた連続的に変動することを意味するのですが，ここに次に挙げるような註釈がついています．

　　量 w が $z = a$ と $z = b$ の間で z とともに連続的に変化するという表現は次のことを意味する．この区間において，z の無限小変化に対して w の無限小変化が対応する．もっと具体的に言うと，任意の与えられた量 ε に対し，量 α を取り，α より小さい z の区間の内部において，w の二つの値の差が ε をこえることのないようにすることができる．

　この言い回しはイプシロン＝デルタ論法そのものですが，「z の値の各々に対して」という文言が見られないところを見ると，リーマンの念頭にあったのは各点での連続性ではなく，「一様連続性」だったのではないかという印象があります．各点ごとの連続性よりも一様連続性のほうが，連続という言葉にぴったりあてはまります．

　これに続いてリーマンは「オイラーの連続関数」に言及し，フーリエの理論を一瞥し，さてその次に複素変化量の関数について語り始めます．今日の複素関数論で「正則関数」もしくは「解析関数」と呼ばれる関数の概念を模索するリーマンの言葉が続きます．

解析的表示式とリーマンの関数

　変化量 w は変化量 z の関数とし，しかも z は実変化量とするとき，量 w が量 z に依存する様式は，「かってきままに与えられたものとしても，あるいは定まった量演算によって定義されたものとしても，どちらでもかまわな

第1章　解析学の厳密化をめぐって

い」とリーマンは明言し、「この二つの概念はいま述べた定理により同等である」と言い添えました。このように言い切る前に、リーマンは「最近の研究により、ある与えられた区間における任意の連続関数を表示することのできる解析的な式が存在することが示された」と明記しているのですが、これが「いま述べた定理」の中味です。

「最近の研究」についてはっきりと語られているわけではありませんが、リーマンの念頭にあったのはおそらくフーリエ級数の理論だったと見てよいであろうというのは前述のとおりです（29頁参照）。フーリエ級数論は「完全に任意の関数をフーリエ級数に展開する」というフーリエのアイデアに始まり、ディリクレとリーマンが大きく寄与して建設された理論です。実際には事はなかなかかんたんには運ばず、実関数のフーリエ級数展開を可能にしてくれる諸条件の探索がディリクレとリーマン以後もえんえんと続くのですが、それはそれとして、「どのような関数もフーリエ級数により表示される」という簡明な命題の意味するところは実に奥深く、今日のいわゆる実解析はこのひとことから生れたと言っても過言ではありません。リーマンはフーリエ級数をも解析的表示式の仲間に入れることにしたのでしょう。

フーリエ解析の根底の建設に寄与したリーマンは、同時に複素解析の建設者でもありました。しかし、とリーマンは説き起こし、「変化量 z の動く範囲を実数に限定せず、$x + yi$（ここで、$i = \sqrt{-1}$）という形の複素数に広げると、状勢は一変する」ときっぱりと語りました。実解析に別れを告げ、複素解析の誕生を宣言する言葉であり、数学者リーマンの強靭な意志の力を感じます。

二つの複素変化量 z と w の実部と虚部を明示して、$z = x + yi$, $w = u + vi$ と表記すると、それらの微分はそれぞれ $dz = dx + idy$, $dw = du + idv$ となります。そこで比 $\dfrac{dw}{dz}$ を作ると、

70

4. 解析関数の世界

$$du = \frac{\partial u}{\partial x}dx + \frac{\partial u}{\partial y}dy$$
$$dv = \frac{\partial v}{\partial x}dx + \frac{\partial v}{\partial y}dy$$

により,

$$\frac{dw}{dz} = \frac{du + idv}{dx + idy}$$
$$= \frac{1}{2}\left(\frac{\partial u}{\partial x} + \frac{\partial v}{\partial y}\right) + \frac{1}{2}\left(\frac{\partial v}{\partial x} - \frac{\partial u}{\partial y}\right)i$$
$$+ \frac{1}{2}\left[\left(\frac{\partial u}{\partial x} - \frac{\partial v}{\partial y}\right) + \left(\frac{\partial v}{\partial x} + \frac{\partial u}{\partial y}\right)i\right]\frac{dx - idy}{dx + idy}$$

というふうに計算が進みます. 複素微分を極表示して $dx + idy = \varepsilon e^{\varphi i}$ と置くと, $dx - idy = \varepsilon e^{-\varphi i}$. よって, 比 $\frac{dw}{dz}$ は

$$\frac{dw}{dz} = \frac{1}{2}\left(\frac{\partial u}{\partial x} + \frac{\partial v}{\partial y}\right) + \frac{1}{2}\left(\frac{\partial v}{\partial x} - \frac{\partial u}{\partial y}\right)i$$
$$+ \frac{1}{2}\left[\frac{\partial u}{\partial x} - \frac{\partial v}{\partial y} + \left(\frac{\partial v}{\partial x} + \frac{\partial u}{\partial y}\right)i\right]e^{-2\varphi i}$$

と表示されますが, これを見ればわかるように, 偏角 φ に起因して, この比は dx と dy の値が変化するのに伴って変化します. すなわち, dz の値によらずに有限確定値をもつと, 一般的に主張するのは不可能であることになります. ではありますが, 「どのような種類であれ, 初等的演算の組み合わせによって w が z の関数として定められているときには, 微分商 $\frac{dw}{dz}$ は微分 dz の値によらない」とリーマンはさらに言葉を続けます. 「初等的演算の組み合わせによって w が z の関数として定められる」というあたりを見ると, w が z の解析的表示式である場合が連想されます. この観察が, 複素解析におけるリーマンの関数概念の根幹を作りました.

リーマンの「関数」の定義は次のとおりです.

第 1 章　解析学の厳密化をめぐって

複素変化量 w がもうひとつの複素変化量 z とともに変化するとき，微分商 $\dfrac{dw}{dz}$ の値が dz の値によらないなら，w を z の関数という．

　このように規定されたリーマンの「関数」は，今日では正則関数とか解析関数という名で呼ばれています．この意味において w が z の関数であるための条件を記述すると，上記の微分商 $\dfrac{dw}{dz}$ の表示式において偏角 φ に依存する部分が消失すればよいのですから，$e^{-2\varphi i}$ の係数を 0 と等値して，

$$\frac{\partial u}{\partial x} - \frac{\partial v}{\partial y} = 0$$
$$\frac{\partial v}{\partial x} + \frac{\partial u}{\partial y} = 0$$

という連立偏微分方程式が認識されます．これは「コーシー＝リーマンの微分方程式」と呼ばれています．一番かんたんな例を挙げると，$z = x + yi$ の複素共役を $w = x - yi$ と置くと，これはリーマンのいう z の関数ではありません．一般に，z の解析的表示式 w を作る場合であれば，式 w の中に z の複素共役の姿が見えなければ，w は z の（リーマンのいう意味での）関数になりますが，そうでなければ w は z の関数とは言えません．

高木貞治先生の言葉「玲瓏なる境地」の味わい

　リーマンのいう関数，すなわち今日の正則関数もしくは解析関数はオイラーの解析的表示式と本質が同じです．この点に関連して，高木貞治先生の言葉に耳を傾けたいと思います．次に挙げるのは『解析概論』の第 5 章「解析函数，とくに初等函数」からの引用です．

　　実変数の函数においては，微分がとかくめんどうで，積分は一般に
　　簡単であった．これは標語的だけれども，我々がしばしば経験した

72

4. 解析関数の世界

ところである．例えば連続性は導函数に遺伝しないが，積分函数は自然に連続性を獲得する．それが一般的実函数の世界である．解析函数の世界では，正則性は微分しても積分しても動揺しない．そこに解析函数の実用性がある．18世紀には，その根拠を認識しないで，解析函数を実数の断面において考察していたのであった．

　我々は微分可能性によって解析函数を定義した．微分可能性は，約言すれば，z が z_0 に近づく経路に関係なく $\dfrac{f(z)-f(z_0)}{z-z_0}$ の極限が一定であることを意味する．今同様に z_0 と z とを結ぶ通路に関係なく $\displaystyle\int_{z_0}^{z} f(z)dz$ が一定であることを（この場限り）かりに積分可能ということにしてみよう．然らば Cauchy［註．コーシー］の定理は，複素変数の函数 $f(z)$ が微分可能ならば，積分可能であることを示し，また Morera［註．モレラ］の定理は，$f(z)$ が積分可能ならば，微分可能なることを示すものである．この意味において，複素数の世界では，微分可能も積分可能も同意語である．驚嘆すべき朗らかさ！ Cauchy およびそれに先立って Gauss［註．ガウス］が虚数積分に触れてから約百年を経て，我々はこの玲瓏なる境地に達しえたのである．　　　　　　　　　　　　　　（『定本 解析概論』232頁）

「解析函数の世界では，正則性は微分しても積分しても動揺しない」とか，「複素数の世界では，微分可能も積分可能も同意語である」などと，瞠目に値する言葉が連なっています．高木先生はこの状勢を指して「玲瓏なる境地」と言い表していますが，このあたりの指摘には心から共感を禁じえないところです．もう少し附言すると，複素関数の世界では，正則関数，すなわち微分可能な関数は自動的に何回でも微分可能になるのですが，これは「式」の属性にほかなりません．「式」の性質は「式」の形を見ればわかりますから，連続性も微分や積分の可能性も問題にならないのですが，抽象的な1価対応という極端に一般的な関数概念の中から，リーマンは「式」に固有の特

第 1 章　解析学の厳密化をめぐって

性を抽出することに成功したことになります．まったく驚くべき洞察力というほかはありません．

　リーマンの関数は自動的に無限回微分可能になりますからテイラー級数を作ることができますが，それは必ず収束し，しかもその極限関数は，収束円の内部においてのことですが，元の関数と一致します．すなわち，正真正銘，本当に「式」で表されることが明らかになるのですが，「解析関数」という呼称はこの状況に着目して採用されたのであろうと思います．

　高木先生の言葉をもうひとつ，採集しておきたいと思います．

　　解析函数の上記の性質を Dirichlet［註．ディリクレ］式の実変数の
　　函数と比較するならば，そこに根本的の差別が見出される．或る区
　　域において定義された実変数の函数は微分可能性を要求しても自由
　　に区域外に拡張されるから，原区域における函数を律する法則は拡
　　張された区域外に及ばない．これに反して，或る一点の近傍におい
　　て与えられた解析函数は，それの解析的延長が可能なる全領域にお
　　いて一定であるから，拡張の及ぶ限り一定の法則によって支配され
　　るというべきである．

　　　18 世紀には函数は天賦であるかのように考えられていたのであ
　　ろう．従って各函数はそれぞれ天賦の法則に支配されるものと信ぜ
　　られた．それを Euler［註．オイラー］式の連続性という．それは数
　　量的の連続以上，いわば法則上の連続である．18 世紀の数学で無
　　意識的に夢想されていた法則上の連続性が解析函数によって，最初
　　の一例として，実現されたのである．　　　　　　　　　（同 246 頁）

　リーマンの関数のもうひとつの著しい属性は，解析的延長を受け入れるというところにあります．解析的延長は解析的接続，略して解析接続と呼ばれることもありますが，複素平面上の何かある領域 D においてリーマンの関

74

数 $f(z)$ を提示したとしても，その関数の解析性はおのずと延長されますから，$f(z)$ を考える場所を D に制限することには必然性がありません．関数 $f(z)$ には $f(z)$ に固有の「最大の定義領域」，すなわち自然存在域 E がおのずと確定することになります．一般に領域 E は D よりも広く，しかも複素平面内をはみ出ることもあります．そこでリーマンは「リーマン面」と呼ばれる「場所」を提案し，リーマンの関数はリーマン面で定まるという視点を打ち出しました．リーマンの複素関数論の歩みはここから始まります．

　ディリクレのアイデアを汲む今日の関数概念では「定義域」と呼ばれる領域が必ず指定されますが，リーマンの関数の定義域を人工的に限定するのは無意味です．この点も「式」の属性で，「式」には「式」の形に応じて自然に確定する定義域がはじめから附随しています．

　高木先生は，「18 世紀には函数は天賦であるかのように考えられていたのであろう」と言っています．これはオイラーが提案した解析的表示式としての関数のことを指しているのであろうと思いますが，オイラーにとって関数は天賦というわけではなく，解析的表示式の場合でしたら曲線を理解するための工夫なのでした．他の 2 種類の関数にもそれぞれ具体的な数学上のねらいがあったことですし，このあたりの説明は不十分なのではないかと思います．オイラーの 3 種類の関数の相互関係を明るみに出し，解析関数の概念を抽出したところにこそ，リーマンのアイデアの卓抜さがありました．リーマンの関数は何かを理解するための方便ではなく，それ自身が数学的思索の対象であり，リーマンはそれをオイラーの解析的表示式の中に見出だしたのでした．

今日の目から見た高木貞治『解析概論』の意義

　実数の連続性から関数の連続性へと話題が移りました．数学の根底にあるのは「知」ではなくて「情」であること，「定義」は「実在感」の衣裳であることを，実数や関数の連続性に題材を借りて語りたかったのですが，関数

第 1 章　解析学の厳密化をめぐって

についてさらに踏み込んで考えていくと，あまりにも壮大なパノラマが眼前に広がって眩暈がするような思いです．

　オイラーが提案した 3 種類の関数には，それぞれを梃子にして解明をめざそうとする具体的な数学的事象がありました．第 1 の関数，すなわち解析的表示式は曲線の解析的源泉でしたし，第 3 の関数は弦の振動方程式の解の究明の中から生れ，第 2 の関数は大砲から打ち出される砲弾の軌跡の追跡というような力学的事象の解明のためにぴったりでした．これを逆向きに観察すると，オイラーがめざしていたのは何かしら具体的な形をもつ数学的現象の解明なのであり，関数概念は解明の対象の本性に応じてそのつど適切に提示されるべきものであったことになります．関数の諸性質をそのつど精密に究明する作業はもとより必要で，その深浅に応じて解明の正否が左右されるのは，事の成り行き上，当然のことですが，そうかといって，どこかしら数学的現象を離れた場所に単一で普遍的な関数概念が存在するというのではなさそうに思います．

　数学的思索の対象となる関数が解析的表示式のみであれば，連続性についてわざわざ論じる必要はありませんし，微分と積分も自在に遂行されますから，可能性が問題になることもまたありません．ところが関数の範囲が大きく広がって，第 2，第 3 の関数をも数学に取り入れるようになると，関数の性質への着目という観点に立って，どのようにしたら連続性を考えることができるようになるのかという問題が発生します．さらに微分と積分の可能性についても，いかなる意味合いにおいて微分や積分を考えたらよいのかという問題がにわかに浮上して，どうしても概念規定の文言を用意する必要に迫られます．コーシーはこの新たな課題に応えることの数学的意義を自覚し，『解析教程』とそれに続く新時代の微積分の著作を企画したのですが，これらはみな解析的表示式に本来備わっている諸属性を抽出し，それらをモデルとして行われたのでした．解析的表示式という関数概念が不明瞭で，連続性や微分積分などの基礎概念があいまいであることに不満があって厳密化への

4. 解析関数の世界

道を踏み出したのだとはしばしば繰り返される評言ですが，決してそうでは
なく，事実はむしろ正反対と見るべきではないかと思います．

　いわゆる解析学の厳密化のプロセスに大きな影響を及ぼした数学者として
は，コーシーとともにもうひとり，フーリエの名を挙げなければなりません．
コーシーの意図が純粋に数学的であったのに対し，フーリエには厳密化への
志向はなく，ひとえに熱の解析的理論という数学的物理学へと向ったのです
が，それにもかかわらずフーリエの提案は厳密化の道しるべになりました．

　フーリエは熱の解析的理論の建設を企図し，熱伝導方程式と言われる偏微
分方程式の一般解を求めようとしたのですが，その際，「完全に任意の関数」
（オイラーの第3の関数と同じものですが，フーリエ級数への展開が念頭にあるた
め，おのずと1価性が要請されています）は正弦と余弦を用いて組み立てられ
る無限級数，すなわち今日のいわゆるフーリエ級数により表示されると明言
し，証明さえ与えようとしました．フーリエの熱の理論それ自体は解析学の
厳密化とは関係がありませんが，フーリエの言明のもたらした影響はきわめ
て大きく，ディリクレとリーマンの深い思索を誘ってフーリエ解析の誕生を
うながしました．

　コーシーの提案が「厳密な解析学」の枠組みとすれば，その中味の生成に
力があったのはフーリエの理論です．今日の微積分のテキストはおおむね
コーシーの枠組みを継承して編まれていますが，あまり魅力が感じられない
のは理論構成の本来のねらいが省かれているからではないかと思います．歴
史的経緯を振り返るなら，コーシーの枠組みを精密化してなぞるだけでは不
十分で，はじめからフーリエ解析を中心に据えてテキストを編むのが，解析
概論の本来あるべき姿です．それと，リーマンの複素関数論の誕生の契機が
解析的表示式の本性への洞察にあったことも忘れられません．このような次
第ですので，今日の解析概論はフーリエ解析と複素関数論という2本の柱を
立て，その周辺に実数論やイプシロン＝デルタ論法や微分と積分の一般論
などを配置するというふうにするのがよいのではないかと思います．

第1章 解析学の厳密化をめぐって

　こんなふうに思いながら高木先生の『解析概論』に目をやると，第5章は
「解析函数，とくに初等函数」，第6章は「Fourier［註．フーリエ］式展開」
と題されていて，複素関数論とフーリエ解析が二つながら記載されています．
他書に類を見ないめざましい特色です．この本は微分方程式論がないと指摘
されたり，ルベーグ積分論（第9章）があまりよくないなどと批評されるこ
とがありますが，初版の刊行後およそ80年ののちの今日もなお，日本語で
書かれた最高の解析教程であり続けています．

第 2 章

代数関数論の
はじまり

アーベル関数論への道
代数的微分式の積分
レムニスケート曲線から楕円積分へ
レムニスケート曲線とレムニスケート積分
「マゼラン海峡」の発見をめざして

第2章　代数関数論のはじまり

1 ―― アーベル関数論への道

実関数と解析関数

　今日の数学では「量」という言葉はほぼ完全に放棄され，代わって「数」の一語の一辺倒になりました．関数の定義域に所属する数は「変数」と呼ばれるようになり，変数の所属する数域を実数に限定するのか，あるいは虚数も許容するのかに応じて，関数は実変数関数と複素変数関数に大きく二分され，解析学は実解析と複素解析に分れます．実解析についてもう少し言い添えると，オイラーが関数の概念を提案したという一事は数学の世界に大きな変革をもたらしました．オイラー以降，特にコーシーの時代からこのかたのことですが，関数概念それ自体を詳しく調べるという傾向が目立つようになりました．何かしら数学的現象を究明しようとする場合，そのつど適切な関数を導入し，関数の性質に基づいて現象を解析するという研究が盛んに行われるようになったのですが，この流れは今も途切れることがありません．

　複素解析は複素変数関数論，複素関数論などと呼ばれますが，単に関数論ということもあります．変数の個数を明示する場合には1変数関数論，多変数関数論という言葉が使われますが，もっとていねいに1複素変数解析関数論，多複素変数解析関数論などということもあります．岡潔先生の論文のタイトルには「多変数解析関数」という言葉が見られ，岡先生に影響を及ぼしたベンケとトゥルレンの著作の書名は『多複素変数関数の理論』（1934年）というのでした．少しずつ違っているところにおもしろみがあります．「解析関数論」とはいいますが，「正則関数論」という言葉の使用例は，少なくとも日本語の数学書の世界では寡聞にして知りません．何かと複雑な経緯があっていろいろな用語法が提案されたのであろうと思いますが，ヴァイエル

80

シュトラスがベルリン大学で行った講義録には「1個の複素変数の解析関数」という言葉が見られます.

解析関数という言葉の使用例はラグランジュの著作『解析関数の理論』（1797年）の書名に見られますし，この著作に先立ってコンドルセ（フランスの数学者）の論文にも「解析関数」の一語が認められますが，今日の複素関数論の対象となる関数を指して解析関数と呼ぶことを提案したのはヴァイエルシュトラスです．リーマンのいう「関数」も解析関数です．

呼称にまつわる問題はひとまず措くとして，複素変数の解析関数は実関数に比べて根本的に性格を異にする属性を備えています．それは「解析接続を許容する」という性質のことなのですが，この性質があるために解析関数の存在領域は各々の関数ごとに天然自然に定まりますので，実関数の場合のように定義域を前もって指定することが無意味になってしまいます．リーマンが発見した「関数」の概念は，オイラーの3種類の関数のように何かを理解するために提案された装置ではなく，それ自身がそのまま数学的自然の一区域を占めています．関数の解析性はオイラーの解析的表示式のエッセンスを忠実に反映し，きわめて抽象的でありながら，同時に豊穣な具体性が充満しています．この美しい観念の発見を経て，数学の世界のカンバスは完全に塗り替えられてしまいました．

解析的表示式の系譜を継ぐ解析性はどこまでも具体的でありながら，しかもこのうえもなく抽象的な観念です．まことにリーマンの「関数」は数学史上の大発見でした．

リーマンのアーベル関数論

リーマンは岡潔先生がもっとも敬愛する数学者で，岡先生のエッセイにひんぱんに登場しますので自然に名前を認識するようになりました．リーマンは「1個の複素変化量の関数の一般理論の基礎」（1851年）という表題の学位論文を執筆し，それから「アーベル関数の理論」（1857年）という論文を

書いて代数関数論を建設した数学者ですが，代数関数論というと，リーマンと同じドイツの数学者ヴァイエルシュトラスの名前もおのずと念頭に浮かびます．リーマンとヴァイエルシュトラスの代数関数論というのは（多変数ではなくて）1変数の代数関数論で，理論建設の指針となったのは「ヤコビの逆問題」と言われる問題でした．

このあたりの経緯はなかなか複雑です．今日の数学でアーベル関数というと，多複素変数の本質的特異点をもたない1価多重周期関数（変数の個数がn，周期の個数は$2n$）を意味するのですが，リーマンのいうアーベル関数はそれとは違い，「アーベル積分」を指しています．アーベル積分とは何かというと，「代数関数の積分」のことで，そのうえその代数関数は1変数の代数関数です．1変数の代数関数の積分を考察する理論であるからというので，代数関数論と呼ばれることが多いのです．

代数関数の積分をアーベル積分と呼んだりアーベル関数と呼んだりするのですが，いずれにしても「アーベル」の一語が形容詞のように使われています．ノルウェーの数学者アーベルにちなむ用語法なのですが，代数関数の積分の考察でしたらオイラーに始まりますので，「オイラー積分」という呼称も長く続きました．ルジャンドルの著作に『楕円関数とオイラー積分概論』（全3巻．1825 - 28年）という大きな作品があり，書名にオイラー積分の一語が見られます．リーマンと同時期にゲッチンゲン大学で学んだデデキントの学位論文のテーマもオイラー積分でした．

リーマンのリーマン面とワイルのリーマン面

言葉の問題は錯綜としてしまいがちで，整理するのはなかなかむずかしいのですが，そもそも「関数」や「積分」という解析学の基本用語からして複雑に移り変ってきたのですから，やむをえないところでもあります．混乱に直面していたずらに嘆息するよりも，用語の変遷を鏡と見て，移り行く歴史の映像を観察するほうがよいのではないかと思います．同じ言葉であっても

1. アーベル関数論への道

昔と今では意味合いが異なることもありますし，かつて普通に使われていた言葉でも今は廃語になっていることもあります．

（1変数の）代数関数とは何かと問われたなら，今日では「閉じたリーマン面上の本質的特異点をもたない解析関数」と答えるのが正解になると思いますが，いつからそのようになったのかといえば 1913 年からです．1913 年はヘルマン・ワイルの著作『リーマン面のイデー』が刊行された年で，ワイルのいうリーマン面は複素 1 次元の複素多様体を意味するのですが，複素多様体という概念そのものがワイルのリーマン面とともに出現したのですし，ワイルの著作はまぎれもなく今日の数学の泉のひとつです．ではありますが，1913 年以前のリーマン面をワイルのいうリーマン面の観念をもって理解しようとするのはやはり無謀で，かえってワイルの数学的意図の真相が見えなくなってしまいます．

複素変数の解析関数は解析接続を許しますから，定義域を天下りに規定することはできず，どの関数にも固有の自然存在領域が附随しています．存在領域は複素平面内の領域（単葉領域といいます）にとどまることもあれば，複素平面上に幾重にも積み重なって広がる領域（多葉領域といいます）であることもあります．これに加えて無限遠点における解析接続も考慮に入れる必要があります．そこでリーマンはリーマン面というアイデアを提示したのですが，それは多葉領域の姿形を純粋に幾何学的な観点から描写した図形にほかなりません．きわめて抽象の度合いの高い観念ですが，リーマンのリーマン面はまだしも複素平面に繋留されていたのに対し，ワイルのリーマン面は複素平面から解き放たれて，まるで空中に浮んでいる楼閣のような印象があります．

リーマンやヴァイエルシュトラスの時点では何を指して代数関数と呼んでいたのかというと，オイラーに始まる関数概念が依然として生きていましたから，二つの変化量 x, y の間の代数的関係に着目することになります．x と y は複素変化量，すなわち一般に複素数値を取る変化量として，

第2章　代数関数論のはじまり

$f(x, y) = 0$ という形の関係式を通じて互いに他を拘束しているとすると，オイラー以来の流儀によれば，x は y の，逆に y は x の関数と見ることができます．ここで問題になるのは $f(x, y)$ ですが，これを一般に複素数を係数にもつ x と y の多項式とすると，x と y の関係には「代数的」という呼称がぴったりあてはまります．そこで，この場合，y は x の，x は y の代数関数と呼ぶことになります．

　代数関数は解析関数ですから固有の存在領域が伴いますが，それはリーマンのいうリーマン面であり，しかもそのリーマン面は閉じています．リーマン面が閉じているというと，「縁がない」という感じになりますが，「境界がない」と言っても同じ意味合いになります．略して「閉リーマン面」という用語も流布しています．ワイルのリーマン面が複素平面から乖離しているのに対し，リーマンのリーマン面はどこまでも複素平面との連繋が維持されていて，複素平面を幾重にも覆いながら広がっています．幾枚もの葉が複素平面の上部に重なり合っているようなイメージが心に浮かびますが，代数方程式の次数は有限ですから，葉の枚数が無限になることはありません．また，もう少し正確に言うと，代数関数の場合には無限遠点における解析接続を考慮しなければなりませんので，複素平面に無限遠点と呼ばれる1点を付け加えてリーマン球面と呼ばれる曲面を作り，その上に広がる閉リーマン面を考えることになります【図2-1】．

リーマン面上のアーベル積分

　$f(x, y)$ は多項式として，二つの変化量 x と y の間に $f(x, y) = 0$ という関係が成立しているとき，x と y の変化の状勢が相互に規制されている様子を指して，y を x の代数関数，x を y の代数関数と呼ぶのでした．そこで，アーベル積分というのは，y は x の代数関数として，$\omega = \int y dx$ という形の積分を意味しています．この積分の意味するところを確定することが代数関数論の基本中の基本の課題になります．

84

1. アーベル関数論への道

【コラム】リーマン球面

　平面上無限に遠い所にただ一つの点が存在すると考えることは，平面があたかも球面のように閉じた面であると考えることである．よって，複素数および ∞ を次の如くいわゆる数球面の点で表わすことが時として行なわれる：点 $z=0$（これをOで表わす）において Gauss 平面に接する直径1の球面 S を作り，Oを通る S の直径の他の端をNとする．今平面上の点 z（ただし $z \neq \infty$）とNとを結ぶ直線が，N以外にさらに球面 S と交わる点をPとし，Pをもって複素数 z を表わすこととする．ところで z をOから限りなく遠ざければ，Pは限りなくNに近づく．従って，∞ を表わすには点Nをもってすることにすれば，ここに平面上のすべての点（従ってすべての複素数および ∞）と球面 S の点との間に1対1の対応がつけられるのである．球面 S から平面へのこの対応は**立体射影**という名でよばれる．

　※ Gauss〈ガウス〉平面は複素平面の別名．数球面はリーマン球面の別名．

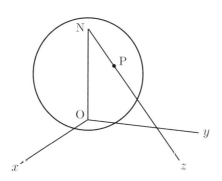

【図2-1】リーマン球面

　　　　（出典：吉田洋一『函数論 第2版』岩波書店，1965年，129-130頁．）

第 2 章　代数関数論のはじまり

　代数関数 y はそのリーマン面 $R(y)$ 上で定まるというのがリーマンの思索の根幹ですが，そのように見るとき y は $R(y)$ 上の 1 価関数になりますし，その積分もまた同じリーマン面 $R(y)$ 上で構成することになります．もう少し正確に言うと，この場合の積分は微分式 ydx の積分であり，一般にそれ自身がすでに解析関数になりますから，そのまたリーマン面 $R(\omega)$ がおのずと生成されます．そのリーマン面は，一般に土台となるリーマン面 $R(y)$ を幾重にも覆いながら $R(y)$ 上に広がっています．積分 ω はたいていの場合，やすやすと代数関数の範疇をはみ出してしまい，超越関数になります．

　アーベル積分というのは代数関数の積分のことで，そのように諒解すればひとまず十分なのですが，アーベル積分 $\omega = \int ydx$ というのは「微分を作ると微分式 ydx が生成される関数」を指しているというふうに諒解すると正確さが増していきます．すなわち，等式

$$d\omega = ydx$$

が成立することが要請されるのですが，オイラーの流儀でも積分というのはそのようなものでした．

　コーシー以降，積分の理論は定積分の定義から出発して組み立てる流儀がほぼ確立し，コーシーとともに「リーマン積分」の定義を考案したリーマン自身，この方向に大きく歩を進めた当の本人なのですが，理論構成の糸口をどこに求めるのかということに普遍的な決まりがあるわけではなく，思索の対象の性格に応じてそのつど適切に対処するのが正しい姿勢です．

　リーマンはフーリエ解析ではコーシーを踏襲して定積分から出発しましたが，代数関数論ではオイラー以来の流儀を受け継いで「微分式の積分」という観点を始点に据えました．自在で見識のある態度と思います．

　リーマンがリーマン面のアイデアを提案するまでは，代数関数の積分は複素平面上で行われていましたが，積分の対象となる代数関数そのものが多価関数ですし，積分を作ると非常に複雑な関数が現れます．何かしらきっかけ

があって，そのような積分に関心が寄せられるようになったのですが，何分にも長い歴史を背負っていることですし，このあたりの消息を解きほぐすのはたいへんな忍耐を要する作業です．

代数関数論とロゼッタストーン

　代数関数論は 19 世紀の数学史の中核に位置を占め，いかにも神秘的な印象の伴う理論です．リーマンやヴァイエルシュトラスなど，この時代を代表する数学者たちの名とともに早くから心を惹かれていましたが，この理論をテーマとする講義は聴いたことがありませんし，著作もあまり見かけませんでした．なんだか神秘的な印象があり，漠然とあこがれを抱いたものでした．

　文献がとぼしい中にあって，岩澤健吉の著作『代数函数論』（岩波書店，1952 年）は珍しい 1 冊でしたので，購入してずいぶん長い間，手元に置きました．本文の記述は歴史的ではなく今の時代の数学の状況に合わせてありましたが，著者はそれを若干の不備と見て補うつもりがあったのでしょう，巻頭に長文の緒言がついていて，代数関数論の歴史的変遷が回想されていました．アーベル，ヤコビ，リーマン，ヴァイエルシュトラスなど，魅力的な名がちりばめられていて目を奪われ，心が躍りました．ヤコビの逆問題の説明もありました．ただし，本文は退屈で，読み始めるとすぐに飽きてしまいますので，最後まで読み通すのは非常に困難でした．それに，よくよく思い返してみますと，緒言が魅力的なのはアーベルやリーマンの名前と業績が語られているからなのですが，内容はどうもよくわかりませんでした．端的に代数関数論のめざすところは何かと問い，解答を得たいと思ったのですが，これはやはり虫のいい願いだったように思います．

　代数関数論ばかりではなく，微積分でもガロア理論でも，数学の諸理論はたいていの場合，何のための理論なのかわからずに途方に暮れてしまいます．数学史の書物を見ても，どうしてこのような理論が発生したのか，あるいはまた，この理論のこの定理は何を意味するのか等々，素朴な疑問に答えてく

れることはまずありません．岡潔先生の多変数関数論についても事情は同様
で，岡先生は「クザンの問題」「近似の問題」「レビの問題」という未解決の
三大問題を解決したという話は聞こえてきても，それは数学にとって何を意
味するのだろうかと考えると，さっぱりわかりませんでした．多変数関数論
の専門書には理論の組み立て方や証明の技術上の工夫などがこまごまと記さ
れているだけで，岡先生は何をめざしてこの理論に向ったのだろうというこ
とについては，まったく言及がありません．何年か渉猟したのち，結局，岡
先生の数学論文集だけが事の真相を教えてくれました．数学を創造した当の
本人の作品にはあたりまえのように充満している何物かが，2番手，3番手
と推移していくうちに失われてしまうのです．

19世紀の代数関数論の古典理論には三つの側面があるといううわさ話は，
アンドレ・ヴェイユのエッセイなどを通じていつとはなしに耳に入りました．
三つの側面というのは，関数論的側面，幾何学的側面，それに代数的側面を
指しています．関数論的側面は代数関数論の本来の姿であり，リーマンと
ヴァイエルシュトラスによるヤコビの逆問題の解決という出来事を通じて，
相当に高い完成度に達したと見られていました．次に，閉じたリーマン面を
代数曲線と見ることにすると，代数関数論の解析的理論の果実を翻案するこ
とにより，代数曲線論に新たな沃野が開かれる可能性が生れます．これは実
際に遂行されて，代数関数論の幾何学的側面が生成されました．また，閉
リーマン面上の解析関数の全体の作る集合の代数的構造に着目すると，代数
関数論の代数的側面が開かれます．

エジプトのロゼッタで発見された石碑に3種類の言葉で刻まれた碑文のよ
うに，代数関数論の三つの側面の実体もまた同一であろうとヴェイユは想定
し，読み解こうとしたように思います．これはこれで創意に満ちた数学の道
ですが，この解読の試みから代数関数論の本来の姿が見えてくるわけではあ
りません．

1. アーベル関数論への道

代数関数と超越関数

　代数関数論をロゼッタストーンと見るヴェイユの視点はきわめて魅力的で，ヴェイユが数学者として創造への道を踏み出していく際の基本契機として，強力に作用したであろうと推察されます．ヴェイユはエコール・ノルマルの学生のときにすでにリーマンに深く親しみ，多変数関数論に関心を寄せ，代数幾何学を建設してモーデルの不定解析の世界に踏み込んでいった人ですから，ロゼッタストーンの物語はヴェイユについて語ろうとする場面では不可欠の第１着手であり，大いに精彩を放つに違いありません．ですが，今日，代数関数論という名で呼ばれている理論のはじまりのころの姿がどのようなものであったのかと問うのであれば，ヴェイユの観点は参考になりません．この方面に一番はじめに手を染めた人はまちがいなくオイラーですが，オイラー以降，ラグランジュ，ルジャンドル，ガウス，ヤコビ，アーベル，ゲーペル，ローゼンハイン，ヴァイエルシュトラス，そしてリーマン等々，西欧近代の数学史を彩る偉大な名前が次々と心に浮かびます．彼らには彼らに固有の契機があり，それぞれの流儀でめざましい貢献を重ねていきました．形成された理論を解釈する前に，理論形成に携わった人びとの心情を回想し，共鳴の場が開かれることを期待して，理論の根底にあって理論を生み出した何物かの正体に近接する努力が必要なのではないでしょうか．

　代数関数論はなぜ代数関数論と呼ばれるのかというと，思索の対象が代数関数であるからなのですが，多種多彩な関数のうちで特に代数関数に着目するのはなぜなのでしょうか．数学という不思議な学問にまつわる数々の素朴な問いの中でももっとも素朴な部類に属する問いですが，根源は深く，微積分のはじまり以前にさかのぼるのではないかと思います．関数の概念が発生する前に曲線を研究する時代があり，デカルトの時代からすでに曲線の世界は大きく代数曲線と超越曲線に分けられていました．接線法も代数的な曲線については一般的方法が見出だされていましたので，それを拡大して超越的曲線にも適用可能な万能の方法を探索しようとする意志が，微積分の創造の

第 2 章　代数関数論のはじまり

動機になりました.

　このような経緯があるのはまちがいありませんが, それでもなお, まずはじめに代数曲線に注目が集まったのはなぜかという疑問は消えません. 代数曲線が身近にたくさんあったからというだけの即物的な理由にすぎないのかもしれませんし, もっと根源的なわけがあったのかもしれず, 本当のところはわかりません.

　関数概念は曲線の解析的源泉を関数と見るというオイラーの基本思想から生れたのですが, 代数曲線と超越曲線の区分けに応じて, 関数もまた代数関数と超越関数に分れます. 「代数的」と「超越的」の識別は近代数学のはじまりのころにさかのぼり, 長い歴史を背負っています.

代数的なものと超越的なもの

　オイラーが関数の概念を提示したのは 18 世紀の中ころですが, それよりもはるか以前から代数曲線は認識され, その諸性質を知ろうとする試みは, 微積分の発見の前後を通してさまざまに行われていました. 代数曲線は代数方程式 $P(x,y) = 0$ で定まると見るのが基本ですが, y を x の関数と見たり, 逆に x を y の関数と見たりしなくとも, この曲線の弧長や, あるいはこの曲線で囲まれる領域の面積を算出しようとして式を立てれば, おのずと代数関数の積分が現れます. 代数曲線でしたら出発点に方程式が立てられていますから, 計算の手がかりがはじめから提示されています.

　これに対し, 代数的ではない曲線もまた存在します. 代表的なものを例示するなら, サイクロイドはその一例ですし, カテナリー (懸垂線) やトラクトリックス (牽引線), それにアルキメデスの螺旋なども超越曲線の仲間です. 身近なところでは正弦曲線や余弦曲線, 指数曲線もしくは対数曲線も超越曲線です. こんなふうに相当に多くの超越曲線が知られていて, 代数曲線の場合のように接線を引く方法や, そのような曲線で囲まれる領域の面積を求める方法が工夫されていました. サイクロイドは最短降下線とも呼ばれ, 変分

90

1. アーベル関数論への道

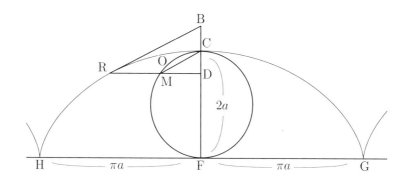

　平面上に長さ $2\pi a\ (a>0)$ の線分 HG を引き，H において HG に接する半径 a の円を描く．この円が線分 HG に沿ってすべることなく時計回りに回転していくと，円上のはじめの接地点は曲線を描きながら移動して，円が一回転したとき点 G に到達する．この曲線がサイクロイドである．

　上の図において点 C はサイクロイドの頂点で，最初の接地点は円が半回転したときに点 C に到達する．このサイクロイド上の点 R において接線を引くには，まず点 R から軸 HG に平行な線を引き，半円 COF との交点を M とする．二点 M, C を結ぶ線分と平行に線分 RB を引くと，それが点 R におけるサイクロイドの接線である．

【図2-2】サイクロイドの接線（フェルマの方法）

法の形成にあたってもっとも基本的な契機をもたらしたことでも知られていますし，フェルマは独自の工夫を編み出して，サイクロイドに接線を引くことに成功しました【図2-2】．

　ところが，このような個別の知識は蓄積されたものの，超越曲線の世界は全体として茫漠とした感じがあり，いわば開かれた世界を形成しているように思います．観念的に考えても，超越曲線というのは要するに「代数的ではない曲線」の総称なのですから，個々の知識がどれほど増大しようとも，超

91

第 2 章　代数関数論のはじまり

越曲線の世界を全体として考察するのは不可能です．この点が代数曲線の場合と大きく異なるところです．代数曲線であれば，曲線を規定する方程式の次数や，あるいは無限遠の挙動などに着目することにより，「分類する」ということが考えられますし，実際，ニュートンは 3 次曲線の分類を試みていましたが，超越曲線についてはそのような試みは考えられません．

　方程式の解法ということを考えても，次数を指定して 2 次の代数方程式や 3 次，4 次の代数方程式の根の公式を求めようとすることは考えられますが，超越方程式，すなわち代数的ではない方程式については，そもそも全容を把握する基準が存在しないのですから，一般的解法ということは考えようがありません．数の世界のことでしたら，代数的数の全体というのは考えることができて，ある範疇の代数的数に共通の性質とか，その範疇の特性というものを考えることができそうですが，超越数，すなわち代数的ではない数の全体という枠のない世界のことになると考えようがありません．

　「代数的」ということは偶然の属性ではなく，このような枠組みを設定することができるということ自体に，何かしら本質に触れるものが内在しているのかもしれません．

代数関数の表示をめぐって

　関数が代数的であるというときの「代数的」ということの意味合いについてはなお不明な点が残りますが，代数方程式や代数曲線や代数的数のように，「代数的なもの」の全体がひとつのまとまりのある範疇を形成することはひとまず諒解可能と思います．これに対し「代数的ではないもの」すなわち「超越的なもの」の世界はいかにも混沌としていて，超越方程式，超越曲線，超越数について何事かを一般的に語ることはできません．その反面，ひとつひとつの「個物」に強い個性が備わっていて魅力があります．

　代数的なものの作る閉じた世界を基盤にして，外部世界に踏み出していく通路が開かれることもあります．これはオイラーが語っていることですが，

1. アーベル関数論への道

代数関数の積分を作るとたちまち超越関数が現れて，しかもその様相はきわめて多彩です．たとえば，$\dfrac{1}{x}$ の積分を作ると対数関数 $\log x$ が生成されます．これは，変化量 $y = \log x$ の微分は $dy = \dfrac{dx}{x}$ になるということと同じです．また，非有理式 $\dfrac{1}{\sqrt{1-x^2}}$ の積分を作ると，それは逆正弦関数 $\arcsin x$ にほかなりませんが，その意味は，変化量 $y = \arcsin x$ の微分を作ると $dy = \dfrac{dx}{\sqrt{1-x^2}}$ になるということです．

一般に $f(x)$ は代数関数として積分 $y = \displaystyle\int f(x)dx$（これはオイラーの表記法で，$y$ は微分方程式 $dy = f(x)dx$ を満たす変化量であるということを意味しています）を作ると，実にさまざまな超越的変化量 y が現れます．ここで，変化量 y が超越的というのは，x と y の間に代数的な関係が存在しないという意味で，y を x の超越関数と呼んでも同じことになります．

代数関数の表記について少しだけ注意しておくと，代数関数は必ずしも x の解析的表示式ではありませんから，いつでも明示的に書き表すことができるわけではなく，むしろそのような表示は不可能なことのほうが通常の姿です．

代数関数 $y = f(x)$ は x と代数的に結ばれているのですから，何らかの代数方程式 $P(x, y) = 0$ が成立します．そこで，もしあらゆる次数の代数方程式が代数的に解けるなら，言い換えると，任意の次数の代数方程式について根の公式が存在するなら，代数関数は加減乗除に「冪根を取る」演算を加えた 5 演算，すなわち代数的演算を施すことにより，x の解析的表示式の形に表示されます．今日ではアーベルの「不可能の証明」により，あるいはまたガロアの理論により，そのようなことは一般に不可能であることが明らかにされていますが，オイラーはまだその可能性を信じていたのではないかと思います．実際には 3 次と 4 次の代数方程式の根の公式は以前から知られていましたので，5 次以上の次数の代数方程式の根の公式の探索が問題になります．オイラーはこの問題に取り組み，3 次と 4 次の場合の根の公式を再発見したりしていますが，5 次方程式の根の公式の発見にはいたりませんでした（存在しないのですから当然です）．

第2章　代数関数論のはじまり

　5次以上の次数の代数方程式には根の公式が存在しないという事実は，一番はじめにこれを証明したアーベルにちなんで「アーベルの定理」（その証明が「不可能の証明」です）と呼ばれていますが，そのアーベルは代数関数の積分を一般に $\int y dx$ と表記して，$\int f(x)dx$ というような明示的な表示は採用しませんでした．「アーベルの定理」の証明に成功したアーベルは，そのような表示は，少なくとも冪根のみを使うのでは不可能であることを知っていたからです．代数方程式論と代数関数論の関係はこんなふうで，決して無縁ではありません．

代数方程式の根の公式について

　数学の歴史を回想すると，「代数的なもの」に着目するという思索の様式はここかしこに見られます．一番典型的な例を挙げると，2次の代数方程式の解法などは古くから知られていましたし，コンパスと定規による作図問題の探究とか，立方体の体積の2倍化の工夫などもこの仲間に数えられます．

　西欧近代の整数論の端緒を開いたのはフェルマですが，そのフェルマに深遠な影響を及ぼしたのは，古い時代のギリシアの数学者ディオファントスの著作と伝えられる『アリトメチカ』という書物でした．アリトメチカというのは「数の理論」というほどの意味合いの言葉で，単に「数」といえば自然数を指しますが，ときおり有理数も数の仲間に入ってきます．数に備わっているおもしろい性質が次々と取り上げられていて，なかでもピタゴラスの定理に由来する平方数がひんぱんに顔を出していますが，さまざまなタイプの不定方程式を整数もしくは有理数の範囲で解こうとしているように今日の目には映じます．これだけではまだ代数的というほどのことはなく，この場合にはむしろ「有理的なもの」と「有理的ではないもの」との区分けに関心が寄せられていたというほうが適切のように思いますが，フェルマ以後，オイラー，ラグランジュ，ガウスと続く近代の数論史の揺籃になったのはまちがいありません．ガウスに端を発し，クロネッカー，ディリクレ，クンマー，

94

1. アーベル関数論への道

デデキント，ハインリッヒ・ウェーバー，ヒルベルトと続く系譜をたどると，19世紀のドイツの地に代数的整数論と呼ばれる新たな数論が出現したことがわかりますが，ここまで来ると「代数的」ということの意味合いが明確になってきます．

　19世紀の整数論が代数的でありうるためには，もうひとつ，代数方程式の解法理論の本質への洞察が深まっていかなければなりませんでした．5次以上の代数方程式の根の公式を追い求めて，オイラーもまた真剣な取組みを続けたことは既述のとおりですが，オイラーの次の世代のラグランジュになるとよほど反省の気運が高まったようで，周知の2次，3次，4次の代数方程式の根の公式が存在するのはなぜだろうかと形而上的な問いを問うて，「方程式の代数的解法の省察」（以下，「省察」と略称．1772–1773年）という長大な論文を書くまでになりました．5次以上の代数方程式の根の公式を長年にわたって探求しても，さっぱり見つかる気配がありませんので，そもそも根の公式とは何かという省察を繰り広げたのですが，その結果は必ずしも判然としませんでした．2次，3次，4次の代数方程式の根の公式の導出の仕方はいくつも知られていて，ラグランジュはそれらのひとつひとつについて，統一的な視点からからくりを説明したのですが，5次以上の方程式を相手にするとどうも茫漠としてしまい，根の公式はあるのやらないのやら，あるとしてもないとしてもどのような理由によるものなのか，ラグランジュの省察は長々と続くのですが，明らかになったことは何もないというありさまでした．

　ラグランジュの省察が空を切りがちになってしまうのは，そもそも根の公式が存在しないためなのですが，ラグランジュの次の世代のガウスになるとこのあたりの消息はだいぶ浸透していたようで，ガウスははじめから根の公式の存在を疑っていました（もっともガウスの『数学日記』などを見ると，根の公式の発見をめざした一時期もあった模様です）．アーベルもガロアもガウスの影響を色濃く受けていますので，この点は共通しています．整数論と代数

第 2 章　代数関数論のはじまり

方程式論と代数関数論の相互関係の緊密なことは尋常ではなく，そのためと
思いますが，オイラーもラグランジュもガウスもみなそろって，この三つの
領域に深い関心を寄せ続けました．

2 ──── 代数的微分式の積分

オイラーとラグランジュ

　ジョゼフ＝ルイ・ラグランジュは晩年をパリですごしましたので，なん
となくフランスの数学者のような感じがしますが，生地はイタリアで，1736
年 1 月 25 日にトリノに生れました．トリノはサルディニア王国の首都で，
サルディニア王国というのは北部イタリアのピエモンテ地方を統治していた
国です．オイラーがベルリンの科学文芸アカデミーを離れた後，招聘されて
オイラーの後継者になり，数学部門の長に就任しました．就任の日付は
1766 年 11 月 6 日と記録されていますから，このときちょうど満 30 歳です．
論文「省察」を執筆したのもベルリン時代でした．

　ベルリン滞在は 20 年ほど続きましたが，1787 年 5 月 18 日，ラグランジュ
はベルリンを離れてパリに向いました．1813 年 4 月 10 日にパリで亡くなっ
たのですが，こうしてみるとラグランジュの人生はインターナショナルとい
うか，どこの国というよりも，「ヨーロッパの数学者」という印象があります．

　ラグランジュの代数方程式論を顧みると，あらためていくつかの素朴な疑
問が生じます．たとえば，ラグランジュはどうして代数方程式論に関心を抱
いたのでしょうか．代数方程式論には長い歴史がありますし，どの時代にも，
その時代を代表する数学者たちが取り上げてきたのですが，そのような一般
的な趨勢とは別に，ラグランジュの思索をこの方面に向わせるにいたった何

96

2. 代数的微分式の積分

かしら具体的な契機があったのではないかとも考えられるところです.

ラグランジュの論文「省察」はベルリン王立科学文芸アカデミーの1770年と1771年の新紀要に2回に分けて掲載されたのですが（実際の刊行年はそれぞれ2年ずつずれて，1772年と1773年になりました），1770年といえば，オイラーの著作『代数学への完璧な入門』（全2巻）が刊行された年でもあります.このオイラーの作品のテーマは大きく「定解析」と「不定解析」に二分されます.不定解析については特に説明を要しないと思いますが，「定解析」とは何かというと3次と4次の代数方程式の解法理論のことです.この書物の中でオイラーが自分で「定解析」「不定解析」という言葉を使っているわけではありませんが，数学の中味を見るとたしかにそのように構成されていて，前半が定解析，後半が不定解析にあてられています.1774年になって，ヨハン・ベルヌーイ（3番目のヨハン.1番目はベルヌーイ兄弟の弟のヨハンで3番目のヨハンの祖父.オイラーの数学の師匠は1番目のヨハン）の手で『代数学』のフランス語訳（全2巻）が作成され，刊行されましたが，このとき第1巻には「定解析」，第2巻には「不定解析」という副題が採用されました.

このフランス語訳の出版にあたり，ラグランジュが特に筆をとり，第2巻のために「不定解析への附記」を書くという出来事がありました.「附記」といっても単なる補足や註釈のたぐいではなく，当時の不定解析の水準を再現する堂々たる大長編で，オイラー全集にもラグランジュ全集にも収録されています.オイラーの全集にラグランジュの論説が掲載されるというのはなんだか変な感じもありますが，オイラーの全集の編纂が企画されて　番はじめに刊行された巻，すなわちオイラー全集の第1系列の第1巻は全体が『代数学』にあてられていて，その末尾にわざわざラグランジュの論文が（フランス語の原文のまま）収録されたのでした.どれほど貴重な論攷であることか，この一事をもってしてもうなずかれます.

オイラーの『代数学』が刊行される少し前から，ラグランジュは不定解析

第 2 章 代数関数論のはじまり

【コラム】オイラー全集の概要

オイラーは 1707 年 4 月 15 日にスイスのバーゼルに生れました．1907年は生誕 200 年の節目にあたりますので，母国スイスで全集の編纂が企画されましたが，著作や論文があまりにも大量のために全容を把握するのがむずかしかったようで，生誕 300 年がすぎた今も未完結です．下記のように 4 系列で構成され，スイスのビルクホイザー社から刊行中です．

第 1 系列　数学著作集．29 巻（30 冊）（完結）

第 2 系列　力学と天文学．31 巻（32 冊）（完結）

第 3 系列　物理学，その他．12 巻（完結）

第 4 系列 A　書簡集．（刊行中．未完結）

第 4 系列 B　手書きの研究ノートと日記．（企画中）

スウェーデンの数学史家にグスタフ・エネストレームという人がいて，オイラーのすべての著作と論文を発表された順序に並べて番号をつける作業を遂行しました．番号の前にアルファベットの「E」を冠し，「E1」から始まって「E866」まで続きます．モーツァルトの作品目録には作成者のルートヴィヒ・フォン・ケッヘルの名にちなんで「ケッヘルナンバー」と呼ばれる作品番号が割り振られていますが，オイラーの作品目録に附された番号は「エネストレームナンバー」と呼ばれています．

2. 代数的微分式の積分

> ### 【コラム】ペルの方程式
>
> ペルの方程式というのは，a は正の非平方数（いかなる数の平方にもならない正の整数）として，
>
> $$ay^2 + 1 = x^2$$
>
> という形の方程式のことで，「ペルの方程式を解く」というのは，この方程式を満たす整数 x, y を見つけることです．イギリスの数学者ジョン・ペルにちなんで「ペルの方程式」と呼ばれるようになりました．

の論文を書き始めていて，ペルの方程式を解いたりしているのですが，そこには明らかにオイラーの影響が認められます．連分数の理論を適用して数値方程式を解こうとしたのもこの時期ですし，かれこれを勘案すると，ラグランジュが「定解析」に関心を寄せて「省察」の執筆にいたった背景には，不定解析と同様，やはりオイラーの影響があったのではないかと考えてよさそうに思います．

ラグランジュとガウス

不定解析と定解析への契機はひとまずこれでよいとして，ラグランジュの代数方程式論を見て謎めいた印象を受けるもうひとつのことは，円周等分方程式の代数的解法を論じたという一事です．実際にはかんたんな工夫により 7 次の円周等分方程式を 3 次方程式に帰着させただけのことで，本当に単純なことしか遂行されていないのですが，それでもどうしてこのようなタイプの方程式を取り上げたのだろうという疑問は残ります．

1801 年にはラグランジュは 65 歳になっていますが，この年，ガウスの著作『アリトメチカ研究』が刊行されました．ガウスは 24 歳でした．ラグラ

第 2 章　代数関数論のはじまり

ンジュはこの書物の第 7 章の円周等分方程式論を見て感嘆したという話が伝えられていますが，この出会いには何かしら神秘の影が射しているような印象があります．円周等分方程式の理論の舞台の上に，ラグランジュとガウスの二人にしかわからない場が開かれたのでしょう．

数学のきずな

ラグランジュの代数方程式論の概観の末にガウスの円周等分方程式論にまで話が及んでしまいました．ラグランジュからガウスへ．その手前には，オイラーからラグランジュへ．さらにその前に目をやると，ヨハン・ベルヌーイからオイラーへ．フェルマからオイラーへ．ライプニッツからベルヌーイ兄弟へ，等々，数学という学問が人から人へと継承されて生い立っていく情景が生き生きと目に映じます．本当に小さな世界のひとつひとつが連なっていく中で時が経過して，ふと気がつくと峨々たる山脈が形成されてそびえています．

代数方程式論が話題にのぼったのはなぜかというと，代数関数の表現様式をどうするかということが問題になるからです．任意次数の代数方程式に対してつねに根の公式が存在するのであれば，加減乗除と冪根だけを用いて表示することができるのですが，アーベルの「不可能の証明」により，この可能性は完全に消失したのでした．

オイラーの時点に立ち返り，オイラー積分の考察に先立ってそもそも積分とはどのようなものだったのかと再考してみたいと思います．今日の流儀で積分 $y = \int_a^b f(x)dx$ を書き下すと，これは「関数 $f(x)$ の積分」であり，しかも「積分の下限 a から上限 b までの定積分」のことと諒解されています．微積分の入り口で関数概念を導入し，関数の定積分の定義からはじめるためにそのようになるのですが，オイラーの流儀はこれとは違い，積分 $y = \int f(x)dx$ といえば，（関数ではなくて）微分式 $f(x)dx$ の積分のことにほかなりません．この場合，積分 y はそれ自体が変化量であり，等式

100

2. 代数的微分式の積分

$$dy = f(x)dx$$

を満たす変化量のことと規定されるのでした.

　関数 $f(x)$ の指し示すものは何かという問題がここで生じますが, $f(x)$ が
かんたんな形の解析的表示式であれば積分の計算は簡明で, y もまた解析的
表示式の仲間に入れてさしつかえありません. ところが, $f(x)$ が「x の変
化に伴って変化する変化量」(オイラーの第2の関数) あるいは「数値 x が指
定されたとき, それに対応して定まる数値を表す記号」(オイラーの第3の関
数) なら, 積分計算の道筋が不明瞭になりますので, y の意味するものもま
た判然としなくなってしまいます. この場合, y の微分 dy の意味もまた見
失われてしまいますから, 積分や微分の定義を工夫しなければならないとい
う事態に遭遇します. この壁を乗り越えようとするところに, コーシーの試
みの真意がありました.

微分式の積分の可能性について

　関数 $f(x)$ がかんたんな形の代数的式であっても微分式 $f(x)dx$ の積分
$y = \int f(x)dx$ の挙動は複雑で, 代数的な範疇にとどまることももちろんあ
りますが, 超越関数になることもひんぱんに起ります. その意味は, x と y
の間にいかなる代数的関係も存在しないということで, たとえば $f(x) = \dfrac{1}{x}$
と取れば, y は対数関数 $\log x$ になり, これは超越関数です. もう少し正確
に言えば, y はただひとつに限定されるわけではなく, 一般に無限多価関数,
すなわち無数の値をとりうる関数を表します. ただし, どの二つも差を作る
と定数になります. そこで定数 C に任意性をもたせて関数 $y = \log x + C$
を作ると, 積分 $y = \int f(x)dx$ の一般形が得られます. 定数 C は積分定数と
呼ばれています.

　積分 $y = \int f(x)dx$ を規定するのはただひとつ,

101

第 2 章　代数関数論のはじまり

$$dy = f(x)dx$$

という微分方程式のみですから，この等式には積分 y の性質のすべてが凝縮されていることになります．そこで，この方程式の意味合いを考えてみると，変化量 y の微分 dy は $f(x)dx$ になるというのですから，微分 $f(x)dx$ を「寄せ集める」と元の変化量 y が復元されることになります．変化量 y の微分 dy というのは y をどこまでも小さく細分した状態を想定して得られる無限小変化量であり，逆に微分 dy が受け入れる値のすべてを寄せ集めるという状況を想定すれば，いったん分割したものを再度寄せ集めるのですから，元の変化量 y が復元されるのは当然です．y はつねに有限値を取る変化量，すなわち有限変化量ですが，dy のほうはつねに無限小の値を取る変化量，すなわち無限小変化量です．y から出発して dy を作る手順を示す計算は微分計算と呼ばれ，逆に dy から y にもどる道筋を示す計算法は積分計算という名で呼ばれています．このように有限の世界と無限小の世界の間を自由に往還する手だてを教えてくれるのが，ひとくちに微積分と呼ばれる計算法にほかなりません．

　有限変化量 y が与えられたとき，微分計算の手法を適用すると，y の微分 dy を作ることができます．では，逆に，無限小変化量 $f(x)dx$ が与えられたとき，それは何かある変化量 y の微分になっていると断言することは，はたしてつねに可能なのでしょうか．オイラーの言葉を使ってこれを言い換えると，微分式 $f(x)dx$ の積分 y はいつでも必ず存在するのでしょうか．

　観念的に考えると，この点は実は明々白々とは言えないのですが，一般的な言明はむずかしいとしても，具体的に与えられた関数 $f(x)$ の形がよく知られているものであれば，首尾よく y を見つけることができます．$f(x)$ の形があまりかんたんではない場合には，変数変換などの力を借りて，既知の形状に帰着させていく手順を工夫することになりますし，オイラーの時代には実際にさまざまな工夫が考案されました．そのような工夫の数々は全体と

2. 代数的微分式の積分

して積分計算の一区域を構成しています.

変数分離型微分方程式の代数的積分

　無限小変化量 $f(x)dx$ が与えられたとき，それは何かある変化量 y の微分になっているのかどうかという問題をあらためて考えてみると，少し考えただけですぐに，案外根の深い問題であることが諒解されます．思索上の困難は，関数 $f(x)$ としてどのようなものを許すのかという状況に由来して発生するのですが，かんたんな解析的表示式に限定するのであれば状勢は非常に具体的になり，むずかしいことは何もありません．前に挙げた例で見ると，$f(x) = \dfrac{1}{x}$ であれば，$y = \log x + C$ という積分が手に入りますが，どのようにして得られるのかといえば，対数関数 $y = \log x$ の微分は $dy = \dfrac{dx}{x}$ になることを知っているからです．あるいはまた $f(x) = \dfrac{1}{\sqrt{1-x^2}}$ と取れば，$y = \arcsin x$ という積分が得られますが，これは逆正弦関数 $y = \arcsin x$ の微分は $dy = \dfrac{dx}{\sqrt{1-x^2}}$ となることを知っているからにほかなりません．このようにして積分が遂行される例は非常に多いです.

　関数 $f(x)$ の守備範囲を解析的表示式の範疇にとどめるとしても，微分式 $f(x)dx$ の積分がなかなか見つからない場合もあります．たとえば，上記の解析的表示式 $\dfrac{1}{\sqrt{1-x^2}}$ をほんの少しだけ一般化して $f(x) = \dfrac{1}{\sqrt{1-x^4}}$ と取ると，微分式 $\dfrac{dx}{\sqrt{1-x^4}}$ の積分は容易に見つかりませんし，そもそも存在するのかどうかさえ，判然としません（観念的に考えると判然としないのですが，レムニスケート曲線の弧長を考えると積分 $\displaystyle\int \dfrac{dx}{\sqrt{1-x^4}}$ の存在は当然のように思えてきます．【図 2-3】〈141 頁〉参照）．実はこれはオイラー自身が直面した事例で，オイラーは積分を見つけることができずに，一時期たいへんな苦境に陥ったと伝えられています．もう少し具体的に言うと，オイラーは

$$\frac{dx}{\sqrt{1-x^4}} + \frac{dy}{\sqrt{1-y^4}} = 0 \qquad (*)$$

第 2 章　代数関数論のはじまり

というタイプの微分方程式の**代数的積分**を求めようとしていたのですが，な
かなか成功しませんでした．この微分方程式の積分というのは何かというと，
二個の変化量 x と y の関数 $f(x,y)$ であって，その微分 df が微分式
$\dfrac{dx}{\sqrt{1-x^4}} + \dfrac{dy}{\sqrt{1-y^4}}$ と等値されるものが見つかったなら，方程式

$$f(x,y) = C \quad （C は定量）$$

のことを，微分方程式（＊）の積分というのです．関数 $f(x,y)$ の微分は，
f_x と f_y をそれぞれ $f(x,y)$ の x，y に関する偏微分係数として，

$$df(x,y) = f_x dx + f_y dy$$

と計算されます．ただし，ここにもまた関数 $f(x,y)$ をどの範疇で採用する
のかという問題が伴いますが，オイラーはこれを代数的な式，すなわち加減
乗除に「冪根を取る」という 5 通りの演算（代数的演算）により組み立てら
れる表示式に限定しました．この範疇に所属する積分のことを代数的積分と
呼んでいます．

　状勢を簡易化して，微分方程式

$$\frac{dx}{\sqrt{1-x^2}} + \frac{dy}{\sqrt{1-y^2}} = 0 \quad （＊＊）$$

を考えると，両辺の積分を作って，

$$\int_0^x \frac{dx}{\sqrt{1-x^2}} + \int_0^y \frac{dy}{\sqrt{1-y^2}} = C$$

という方程式が得られます．ところが積分 $\displaystyle\int_0^x \frac{dx}{\sqrt{1-x^2}}$ は $\arcsin x$ である
ことがわかっていますから，この方程式は

$$\arcsin x + \arcsin y = C$$

104

と書くことができます．$\alpha = \arcsin x$，$\beta = \arcsin y$ と置くと，$\alpha + \beta = C$．両辺の正弦を作ると，三角関数の加法定理により

$$\sin(\alpha + \beta) = \sin\alpha\cos\beta + \cos\alpha\sin\beta = \sin C .$$

$x = \sin\alpha$，$y = \sin\beta$ に留意してこれを書き直すと，

$$x\sqrt{1 - y^2} + y\sqrt{1 - x^2} = \sin C$$

となりますが，これは x と y の間に成立する代数的関係です．言い換えると，微分方程式（＊＊）の代数的積分にほかなりません．

　微分方程式（＊）の場合にも，微分式 $\dfrac{dx}{\sqrt{1 - x^4}}$ の積分が既知の関数の間に見つかるのであれば，同様にして積分することができるのですが，オイラーはここにいたって困難な壁にぶつかりました．

　この苦境を救ったのがイタリアの数学者ファニャノでした．ファニャノは自分で編纂した数学論文集（全2巻）をベルリンのオイラーのもとに送付したのですが，オイラーがそれを見ると，そこにはまさしく微分方程式（＊）のひとつの代数的積分が記述されていました．それは特殊解のひとつなのですが，オイラーにとって有力なヒントをもたらしたことはまちがいなく，実際，オイラーはたちまち一般解を見つけ出しました．楕円関数論の端緒がこうして開かれました．

　ファニャノの論文集が刊行されたのは1750年，オイラーのもとに届けられたのは翌1751年のことでした．

楕円積分と楕円関数

　今日の用語法では，積分

$$\int \frac{dx}{\sqrt{1 - x^4}}$$

第 2 章　代数関数論のはじまり

は楕円積分の仲間であり，レムニスケート積分という名前が与えられていますので，上記の微分式 $\dfrac{dx}{\sqrt{1-x^4}}$ はレムニスケート型と呼ぶのが相応しいと思います．楕円積分はルジャンドルの流儀に従うと第 1 種，第 2 種，第 3 種と 3 種類に区分けされますが，レムニスケート積分は第 1 種の楕円積分です．第 1 種楕円積分には逆関数が存在し，今ではそれを楕円関数と呼んでいます．

ルジャンドル自身は今日の楕円積分を「楕円関数」と呼び，「楕円関数」を 3 種類に区分けしました．レムニスケート積分 $\displaystyle\int \dfrac{dx}{\sqrt{1-x^4}}$ について言うと，オイラーの流儀によれば，この積分は微分方程式 $dy = \dfrac{dx}{\sqrt{1-x^4}}$ を満たす変化量 y を意味しています．x の解析的表示式として認識することができるのかどうかは不明ですが，ともあれ「x の変化に伴って変化する変化量」なのですから，「x の関数」であることはまちがいありません（本書の語法では「オイラーの第 2 の関数」）．そこでルジャンドルはオイラーの用語法に正直に従って，楕円積分を指して「楕円関数」と呼んだのであろうと思います．このようなところを見ても，ルジャンドルはオイラーの忠実な祖述者であることがわかります．

今日の楕円積分を指して楕円関数と呼ぶ用語法をくつがえしたのはヤコビでした．ヤコビとアーベルは第 1 種楕円積分の逆関数に着目したのですが，これはどのようなことかというと，y を x の関数と見るとともに，視点を逆転させて x のほうを y の関数と見ることにするということにほかなりません．x の変化に伴って y が変化するのですから，逆向きに見れば，y の変化に伴って x が変化するように見えるのは当然といえば当然のことですが，x を y の関数と見るのはそれほど容易なことではありません．少なくとも，x の微分式 $f(x)dx$ を積分して新しい変化量 y を作るというような明白さはなく，認識されるのはただ，y の変化に応じて x もまた変化するという，きわめて抽象の度合いの高い観念的な状勢のみにすぎません．オイラーの第 2，もしくは第 3 の関数概念を受け入れるなら，x を y の関数と見ることが可能になりますが，だれもがよくなしうることではありませんし，実際のと

106

2. 代数的微分式の積分

ころ，ルジャンドルはこの逆関数には目を留めませんでした．

ヤコビとアーベルの目にはこの逆関数が映じましたので，微分方程式 $dy = \dfrac{dx}{\sqrt{1-x^4}}$ の中に二つの関数が内在することになりました．そこで，積分を通じて認識される y のほうには，そのまま楕円積分の名を与え，逆関数についてはあらためて楕円関数の名をもって呼ぶことにしたらどうかというのがヤコビの提案でした．

では，アーベルはどうしたかというと，用語法の面ではルジャンドルの流儀にならいました．アーベルの論文「楕円関数研究」(1827 – 1828 年) の標題に見られる楕円関数は今日の楕円積分を指していますし，第 1 種楕円積分の逆関数には，この論文の時点では特別な名称は何も与えていません．別の論文を見ると，「第 1 種逆関数」という呼称が使われている事例がありますが，いかにも控えめな感じがします．

微分式の積分の存在証明の考察

微分式の積分のところに重要な論点がひとつ残っていますので，まずそれを論じておきたいと思います．

残されている論点というのは，微分式 $f(x)dx$ が任意に与えられたとき，その積分 y，すなわち微分方程式 $dy = f(x)dx$ を満たす変化量 y はつねに存在すると言えるのかどうかという問題です．関数 $f(x)$ の性質に依拠して状勢が左右されることは明白で，かんたんな解析的表示式であれば，y の形はたちまち判明します．ところが，楕円型の微分式 $\dfrac{dx}{\sqrt{1-x^4}}$ の場合のように，ほんの少しだけ形が変るととたんに不明瞭になってしまうのは既述のとおりです．

例に挙げた微分式 $\dfrac{dx}{\sqrt{1-x^4}}$ について言うと，積分 y が存在することは確信をもって言えそうに思います．なぜかといえば，$x = 0$ から x までの積分 $\displaystyle\int_0^x \dfrac{dx}{\sqrt{1-x^4}}$ はレムニスケート曲線の弧長を表す積分であり，レムニスケート曲線の弧に長さがないとはとうてい信じられないからです．

第 2 章 代数関数論のはじまり

いろいろな曲線の弧長を無限解析の手法で測定して表示すると，一般に，

$$\int_0^x f(x)dx$$

という形の積分が現れますが，このような場合に微分式 $f(x)dx$ の積分が存在することを保証してくれるのは曲線の弧長に寄せる確固とした実在感です．たとえば，楕円

$$\frac{x^2}{a^2} + \frac{y^2}{b^2} = 1 \quad (\,a > b > 0\,)$$

の弧長を計算すると，第 2 種の楕円積分

$$\int \sqrt{\frac{a^2 - k^2 x^2}{a^2 - x^2}}dx$$

が現れます．ここで，$k = \dfrac{\sqrt{a^2 - b^2}}{a}$ は離心率と呼ばれる定数です．この場合，微分式 $\sqrt{\dfrac{a^2 - k^2 x^2}{a^2 - x^2}}dx$ の積分は楕円の弧長になるのですから，存在することに疑いをはさむ余地はありません．双曲線の弧長を計算しても，やはり楕円積分が手に入ります．

　このようなわけで，楕円や双曲線の弧長を表す楕円積分の存在は問題なく確信することができますので，少なくともこれらの楕円積分については存在証明を気にかける必要はありません．曲線の弧長に限らず，何かしら存在することが明白な量の算出を通じて認識される積分の場合，積分記号下に出現する微分式の積分が存在することは，そのような量の存在の明白さそのものによって保証されます．では，そんな状況を離れて，微分式 $f(x)dx$ が一般的に提示された場合，その積分の存在を保証するもの，あるいはまた存在しないことを明示するものは何なのでしょうか．この問題に応えようとしたのが，コーシーの定積分の理論です．

2. 代数的微分式の積分

微分積分学の基本定理をめぐって

ここでひとまず微分計算と積分計算の根幹に立ち返って再考してみたいと思います．微積分の発見という出来事の実体は，次のように表明されます．

（根幹 1）微分して積分するともとにもどる．

変化量 y はもうひとつの変化量 x の何らかの意味での関数とするとき，y の微分を作ると $dy = f(x)dx$ という形の微分式が得られますが，逆に，この微分式を積分すると，もとの変化量 y（正確には元の y とある定量だけ食い違う変化量）が復元されます．

（根幹 2）積分して微分するともとにもどる．

微分式 $\omega = f(x)dx$ を積分して変化量 y を作り，次にその y を微分すると，もとの微分式 ω にもどります．

ひとことでこれを言い表すと，「微分と積分は互いに他の逆演算」ということになります．「微分する」というのは「無限小の大きさに細分する」ということですし，「積分する」といえば，「無限小の大きさを寄せ集める」ということにほかなりません．観念的に考えると，微積分のすべてはこれで尽くされていて，有限の世界と無限小の世界の間を自由自在に往還することができるのですが，ここにひとつの制約が課されます．それは，関数の範疇に課される制約で，関数の所属先をあまりにも恣意的に拡大すると，上記の微積分の根幹に随所にほころびが目立ちはじめます．登場する関数がかんたんな解析的表示式のみであれば，微積分の計算は融通無碍に遂行されますし，元来，そのような状勢そのものに目を留めることを指して，微積分の発見と呼び慣わしているのでした．

109

第 2 章　代数関数論のはじまり

　ところが，上記の「根幹 1」について考えてみると，変化量 y がオイラー
の第 2 もしくは第 3 の関数の場合，その微分 dy を作る計算法はオイラーに
はありませんから，さっそく壁にぶつかってしまいます．そこでコーシーは
一案を提示して，dx と dy の比 $\dfrac{dy}{dx} = f(x)$ そのものを真っ先に規定しよう
としました．その際，コーシーは無限小の観念を放棄して，極限の概念を根
底に据える道を選択しました．関数 $f(x)$ は y の導関数という名で呼ばれる
関数ですが，「根幹 1」が保持されるためには，$f(x)$ を積分するともとの変
化量 y が復元されるのでなければなりません．ところが，もはや解析的表
示式とは言うことのできない導関数 $f(x)$ の積分とは，いったいどのような
ものなのでしょうか．

　関数の概念が拡大すると，「根幹 2」についても疑問が生じます．微分式
$\omega = f(x)dx$ を積分して変化量 y を作るというのですが，関数 $f(x)$ が極端
に一般的な場合であっても，そのようなことはつねに可能なのでしょうか．
何らかの意味合いにおいて可能であれば，変化量 y は x の関数として認識
されますが，それを微分するというのはどのような意味において遂行される
のでしょうか．また，微分の意味が確定したとして，y を微分するとはたし
てもとの微分式 $\omega = f(x)dx$ にもどるのでしょうか．

　このような疑問に応えようとしたところに，コーシーの解析学の試みの意
義が認められるのではないかと思います．コーシーはそれまでの曖昧模糊と
した解析学の基礎の厳密化をはかったと言われることがありますが，関数の
範疇をせまく取り，その世界では微積分の計算が自在に行われていたという
のであれば，そこに開かれているのは桃源郷のような風光ですし，わざわざ
厳密化をめざす必要はありません．ところが，さながら夢のような光景の広
がる桃源郷を離れ，何の制約も課されない「1 価対応」の荒野に踏み出して
いくと環境は一変し，一歩また一歩と足元を確かめながら歩みを運ばなけれ
ばならない事態に直面します．その状況を指して，厳密化という言葉で言い
表したのでしょう．

110

2. 代数的微分式の積分

コーシーの解析学

　数学史の通説によれば，コーシーはコーシー以前の解析学の状勢にあいまいさを感じ，厳密化を企図して新たな解析学の組立てを構想したということになっているのではないかと思います．コーシーは無限小の観念を放棄して，代わりに極限の概念を基礎に据え，関数の連続性や微分可能性の概念規定，それに定積分の定義もまた極限の概念の土台の上に構築しました．無限級数の収束性に強い関心を寄せ，収束する無限級数と収束しない無限級数を識別しようとする姿勢を鮮明に打ち出したところにも，コーシーの数学思想の特徴が認められます．

　ではありますが，たとえコーシーの目にどれほど不確かに映じたとしても，解析学それ自体が自立していたのであればそれはそれでよいのですし，あえて厳密化の工夫を凝らすほどのことはないのではないかと思います．厳密性の欲求は深い数学的思索をうながす契機にはなりえず，数学は数学それ自体の内的な要請を受けてはじめて進展するのではないでしょうか．

　無限級数の収束性の識別ということも別段，コーシーに独自の発明ではなく，古い時代にすでに行われていました．実際，ヤコブ・ベルヌーイが17世紀の終わりころに公表した無限級数論を参照すると，自然数の逆数の総和として作られて，調和級数と呼ばれる無限級数

$$\frac{1}{1} + \frac{1}{2} + \frac{1}{3} + \cdots + \frac{1}{n} + \cdots$$

は発散することが明記されていますし，自然数の平方の逆数の総和

$$\frac{1}{1} + \frac{1}{4} + \frac{1}{9} + \cdots + \frac{1}{n^2} + \cdots$$

はある有限値に収束することが示されています．正確な極限値を求めること

第 2 章　代数関数論のはじまり

はヤコブ・ベルヌーイの生地のスイスの都市バーゼルの名にちなんで「バーゼルの問題」と呼ばれるようになりましたが，同じバーゼル出身のオイラーは 1740 年に公表された論文において $\dfrac{\pi^2}{6}$ という数値の算出に成功しました．

　このような事例を見ると，ヤコブ・ベルヌーイもオイラーも無限級数の中には収束するものもあれば発散するものもあることを正しく認識していたことがわかります．それならコーシーはなぜあらためて無限級数の収束と発散の概念を規定したのだろうという疑問が起りますが，フーリエ級数に象徴されるような，一瞥しただけでは判別することのできない複雑な級数が出現し，しかも取り扱うことを余儀なくされる状況に直面したためであろうと思います．この間の状況はオイラーが種々の数学的状況に応じて 3 種類もの関数概念を提案したこととてもよく似ています．

コーシーの心中を忖度すると

　19 世紀のはじめのコーシーの時代に，オイラーの時代からこのかた，解析学の世界でもっとも著しい変化が見られるのは関数概念の取り扱いでした．解析的表示式よりもはるかに一般的な関数を対象にして微分と積分の理論を組み立てなければならない状勢が現れたのですが，たとえばコーシーとともにオイラーの第 2 の関数 $y = f(x)$ を取り上げるとき，その微分 dy を計算するにはどうしたらよいのでしょうか．観念的に考えるなら，$dy = Adx$ という形になりそうですし，微分 dx の係数 A は，関数 $y = f(x)$ のグラフの接線の傾きを表しそうに思われますから，A をそのように思いなせば微分 dy は確定しそうです．ですが，そんなふうに思えるのはあくまでも観念の世界の出来事で，A を算出する具体的な道筋は不明です．それに，せっかく曲線から関数を抽出したというのに，関数の微分を作るのに曲線の接線の傾きを想定するのでは関数概念の独立性が案じられ，無意味になってしまいそうでもあります．$f(x)$ がオイラーの第 3 の関数の場合でも事情は同様です．

　コーシーの工夫は，この難所を打開しようとするところにありました．

2. 代数的微分式の積分

コーシーは微分係数 A を規定するのに

$$\frac{f(x+h) - f(x)}{h}$$

という形の商を作り，h が 0 に限りなく近づくときの極限値が存在するか否かという論点を考察の基礎に置きました．この極限値が存在するとき，それを「関数 $f(x)$ の x に関する微分係数」と呼び，あらためて

$$\frac{dy}{dx}, \quad f'(x)$$

などという記号で表記します．したがって，この場合，$\frac{dy}{dx}$ はこれ自身でひとつの数値を表す記号なのであり，もはやオイラーの場合のような「dy の dx による商」ではないことになります．また，どの x に対しても微分係数が確定するなら，そのとき $\frac{dy}{dx} = f'(x)$ はそれ自体がひとつの関数になりますから，これを $f(x)$ の導関数と呼びます．こんなふうにすれば，理論的には関数のことは関数の範疇で話が完結し，曲線のかもしだす直観的イメージの助けを借りる必要はありません．

　このコーシーの流儀はそのまま今日に及び，日本でも高校や大学で教えられています．背景には曲線の幾何学が控えていて，しかも概念上，曲線のイメージとは無関係を装って微分の話を完結させるところにコーシーの真意があったのですが，その代わり理論構築の道筋はいかにも退屈です．コーシーの講義を受けた 19 世紀はじめのエコール・ポリテクニークの学生たちも，コーシーが組み立てた解析学にさっぱりおもしろみを感じなかったという話が伝えられています．

定積分と不定積分

　コーシーの講義がおもしろくないことについては多少の所見がありますが，

113

第 2 章　代数関数論のはじまり

その前に，コーシーの積分の理論についてもう少し語っておきたいと思います.

　微分式 $\omega = f(x)dx$ から出発することにして，$f(x)$ は第 2 もしくは第 3 の関数とするとき，ω の積分，すなわち微分方程式 $dy = \omega$ を満たす変化量 y はいつでも必ず存在すると言えるのかどうか，という問題を考えてみます. この問題は関数 $f(x)$ が解析的表示式の場合でさえ，相当に大きな困難を伴いますが，$f(x)$ が第 2，第 3 の関数の場合にはなおさらで，x の変化に伴って変化する（第 2 の関数の場合）とか，x の各々に対して y が対応する（第 3 の関数の場合）という抽象的な状況から出発するのでは，何をどうしてよいのか，具体的な手順はさっぱりわかりません. ここでヒントになるのはある特定の曲線の弧長計算の際に遭遇する微分式の場合です. これは $f(x)$ が解析的表示式の場合の事例になるのですが，$\omega = f(x)dx$ は楕円や双曲線のような周知の曲線の弧長積分 y の微分になっているのでした. 楕円や双曲線の弧長の存在を疑うことはできませんし，その「実在感」が，$\omega = f(x)dx$ の積分 y の存在を支えています. そこで問題は，「存在を疑いえない何らかの量 y」を構成して，その微分 dy がちょうど ω になるようにすることができるだろうか，というところに帰着されていきます.

　関数 $f(x)$ の範疇が解析的表示式，しかもある特定の限界内にとどまる場合には，微分計算と積分計算の「根幹 1」と「根幹 2」がごくあたりまえに具現して，さながら桃源郷のような明るい世界が開かれたのでした. 関数概念を拡大していくということは，この桃源郷を離れて未知の世界に踏み出していくということですが，その際，微積分の二つの根幹がそのまま維持されるように進んでいくということが，基本方針として要請されます.「根幹 1」と「根幹 2」は微積分の生命線で，これらの計算規則が発見されたということが，そのまま微積分の発見という出来事の実質を作っているのですから，微積分の進展とは，この二つの規則の適用領域を拡大していくことを意味します.

　微分 dy がぴったり ω になるというのでしたら，ω を寄せ集めると y が

114

2. 代数的微分式の積分

復元されるのでなければなりません．ここに着目し，「微分式の寄せ集め」ということに意味を与えようとしたところに，コーシーの創意が認められるのではないかと思います．これがコーシーの定積分の理論の土台となるアイデアです．

コーシーはオイラーの第2の関数概念を採用したのですが，無防備に対象を拡大したわけではなく，「連続関数」の枠内にとどまりました．連続関数という概念もまた解析的表示式の属性から抽出されたことは，第1章で観察したとおりです．「微分式の積分」も放棄して，ということは無限小の観念を捨てることにしたということにほかなりませんが，単刀直入に「関数の積分」そのものを考察するという姿勢を鮮明に打ち出しました．コーシーはまず「連続関数」を定義して，次に，今日のいわゆる「コーシー＝リーマンの和」のアイデアに依拠して「連続関数の定積分」を定義しました．そのうえで，「連続関数は積分可能である」ことの証明を試みたのですが，その証明には実は「有界閉区間上の連続関数は一様連続である」という事実が必要になります（もっとも証明の道筋はひとつではなく，いろいろあります）．コーシーはこの点に気づきませんでした．それで，コーシーの証明には欠落があることになるのですが，そのあたりを修復していく過程もまた解析学の厳密化と言われる事柄の重要な1項目と見るのが，数学史の通説です．

コーシーが理論構成の出発点として採用したのは，「微分式の積分」ではなくて，「連続関数の定積分」でした．「微分式の積分」は変化量ですが，「連続関数の定積分」は数値です．一般の連続関数の範疇では「微分式の積分」は考えることはできないのですが（既述のように，観念的に想定することは可能です），考察可能な範囲内において「連続関数の定積分」との相互関係はどのようになるのかといえば，「微分式の積分」という名の変化量が受け入れる個々の値がすなわちコーシーの定積分にほかなりません．定積分という言葉を変化量の側から見れば，「積分の不確定値」ということになります．これは「積分という名で呼ばれる変化量が取りうるさまざまな値」を一

第 2 章　代数関数論のはじまり

般的に呼ぶ呼称ですから，コーシーがそうしたように「定積分」という名の
固有名詞ではありません．

　視点を逆向きにしてコーシーの定積分から出発すると，積分の上端 x を
任意に設定すれば，下限 a を適当に指定して，積分関数

$$F(x) = \int_a^x f(x)dx$$

が定まります．そうしてコーシーは，この積分関数は微分可能であること，
しかもその導関数は $f(x)$ に一致することの証明に成功したのですが，これ
を言い換えると，

　　　関数 $f(x)$ を積分して微分するともとにもどる．

ということになります．これは今日のいわゆる「微積分の基本定理」の表現
様式のひとつです．

　コーシー以前の数学的状勢に立ち返るなら，この積分関数というのは「そ
の微分が $f(x)dx$ となる変化量」であり，「微分式 $f(x)dx$ の積分」そのも
のなのですが，コーシー以後，これを関数 $f(x)$ の**不定積分**と呼ぶ習慣が定
着しました．

原始関数と不定積分

　事のついでに「原始関数」についてもう少し述べておきたいと思います．
関数 $f(x)$ は微分可能とし，しかもその導関数 $f'(x)$ は連続関数であるもの
とします．このとき，$f'(x)$ の積分関数 $g(x)$ を作ると，微積分の基本定理
により，$g(x)$ の導関数は $f'(x)$ に一致します．それゆえ，関数 $g(x)$ は実は
$f(x)$ と高々定数の差だけの相違が認められるにすぎません．これで，

116

2. 代数的微分式の積分

$$f(b) - f(a) = \int_a^b f'(x)dx$$

という等式が成立し，右辺の定積分の数値の算出は左辺の関数値の差の計算
に帰着されることになります．これは定積分の数値を算出するための周知の
計算法ですが，高木貞治先生の『解析概論』ではこれを「微分積分法の基本
公式」と呼んでいます．

今日では，一般に導関数が $f(x)$ になる関数 $F(x)$，すなわち等式
$F'(x) = f(x)$ が成立する関数 $F(x)$ を指して $f(x)$ の**原始関数**と読んでいま
すが，原始関数というのはもとはラグランジュが提案した用語で，ラグラン
ジュはこれを「1 階，2 階，……の導関数を生み出していく一番はじめの関
数」という意味合いで使用しました．それゆえ，関数は導関数というものを
考えるときにはじめて原始関数になりうるのですから，あらゆる階数の導関
数の全体との対比の中で使用するのが本来の語義であり，主体性は原始関数
のほうにあります．1 階導関数 $f'(x)$ のみを指定して，その原始関数を語る
というのはやや奇妙な語法と言わなければならないのですが，ラグランジュ
の意図とは無関係に，言葉だけが流用されたのでしょう．それに，関数
$f(x)$ の原始関数 $F(x)$ を等式 $F'(x) = f(x)$ によって規定することにする
と，ただひとつに確定することはなく，定数差のみが認められる無数の原始
関数が存在します．このあたりから用語法の混乱が生じがちになります．

次に，関数 $f(x)$ は連続とすると，その積分関数，すなわち $f(x)$ の不定
積分はつねに微分可能で，しかもその導関数は $f(x)$ と一致しますから，
「$f(x)$ の不定積分」と「$f(x)$ の（今日の意味での）原始関数」は全体として
合致することになります．不定積分と原始関数は本来，別個の概念です．そ
れが結局のところ，同じものを指し示すことになるのはなぜかといえば，
「積分して微分するともとにもどる」という，あの微積分の基本定理がある
からです．

第 2 章　代数関数論のはじまり

連続関数の世界

　ディリクレが採用したオイラーの第 3 の関数の定積分については，コーシーのように連続性は課さないとしても，ある一定の条件のもとでコーシーと同じ流儀で定義することができます．ディリクレの研究を継承したリーマンは「有界」という条件のもとでこれを実行しました．こんなふうにして，ディリクレとリーマンの手で今日の実解析の基盤が整備されたのですが，連続関数の世界の外側にはあまりにも無秩序な光景が広がっています．

　高木先生の『解析概論』を参照すると，高木先生は「$f(x)$ が連続函数ならば，不定積分は原始函数と同義語である」（『定本 解析概論』110 頁）と明言し，これを要約すれば，「連続函数に関する限り，微分と積分とが互に逆な算法であることを意味する」（同上）と敷衍しました．連続ではない関数を対象とすると，このような簡明な関係は崩壊します．高木先生は起りうる状況を列挙しています．

　（1）微分可能な関数 $F(x)$ の導関数 $F'(x) = f(x)$ は必ずしも積分可能ではありません．（微分した後に積分してもとにもどろうとしても道が閉ざされている例．イタリアの数学者ヴォルテラがこのような関数の例を構成しました．1881 年のことです．）

　（2）微分可能な関数 $F(x)$ の導関数 $F'(x) = f(x)$ が積分可能としても，その積分関数はもとの関数 $F(x)$ に一致するとは限りません．（微分した後に積分してもどってくると食い違ってしまう例）

　（3）有界な関数 $f(x)$ の積分関数 $F(x) = \int_a^x f(x)dx$ は連続関数になりますが，必ずしも微分可能ではありません．（積分した後に微分してもとにもどろうとしても道がとざされている例）

　（4）有界な関数 $f(x)$ が積分可能で，しかも積分関数 $F(x) = \int_a^x f(x)dx$ が微分可能であっても，その導関数はもとの関数 $f(x)$ に一致するとは限りません．（積分した後に微分しても

118

2. 代数的微分式の積分

どってくると食い違ってしまう例）

　こんなふうに微積分の基本定理の成立がにわかに困難になることを示す諸例の存在を指摘した後に，高木先生は「連続函数以外では，微分積分法はむずかしい！」（同上）と嘆息めいた言葉を言い添えました．原始関数と不定積分は大きく乖離して，微積分の基本定理が無際限に成立することはもうありません．関数概念の拡大に伴って発生する新たな課題がここに現れています．

　このような煩雑な課題はオイラーの解析学には見られませんでした．オイラーの解析学3部作（『無限解析序説』『微分計算教程』『積分計算教程』）を概観すると実際に目に入る関数は多項式，有理関数，三角関数，逆三角関数，指数関数，それに対数関数くらいですから，微分と積分の計算は自在に行われ，微積分の基本定理が成立するか否かを案じる必要はありません．この状況を指して前々から「桃源郷」と呼んでいたのですが，関数概念が拡大されるとにわかに輪郭がぼやけてしまい，微積分の桃源郷はどこまで広がっているのだろうという不安が生じます．ライプニッツやベルヌーイ兄弟やオイラー，ラグランジュのような諸先輩が営々と築き上げてきたことどものいっさいが崩壊してしまうかのようで，巨大な危機が遍在する光景が眼前に広がっています．

　そこでコーシーは，連続曲線のイメージを包み込む連続関数の概念を基礎にして，コーシー以前の解析学の桃源郷を支える基礎的諸概念を抽出し，それらを道しるべにして大胆に歩を進めていきました．幾何学的直観の力はもう働く余地がなく，極限，連続関数，微分可能性，定積分，それに微積分の基本定理等々，どれもみな純粋な論証のみを頼りにして構築していくほかはありませんが，コーシーの試みは成功し，「連続関数の世界」という，新たな桃源郷を発見しました．このコーシーの気迫に共鳴することがコーシーを理解する唯一の道なのであり，この点を度外視して，コーシーが提示した理論構成の枠組みだけを受け取ろうとするならば，コーシーの解析学はたちま

119

第 2 章　代数関数論のはじまり

ち色あせてしまいます．なにしろ形式的な論証の道筋がえんえんとのびているだけで，見る者の心に何の印象も刻まないのですから仕方がありませんが，コーシーにはそうしなければならない理由があったのでした．

コーシーの魅力と退屈さ

　コーシーの解析学は，関数概念の拡大という解析学の要請に応え，得体のしれない魑魅魍魎に満ち満ちているであろう未開拓の曠野に敢然と踏み出していこうとする気迫に満ちています．1826 年 7 月，パリに到着したアーベルは 10 月 24 日付で故国ノルウェーの師でもあり友でもあるホルンボエに長文の手紙を書きました．高木貞治先生の『近世数学史談』の第 18 章「パリ便り」に全文の邦訳が紹介されています．それを見るとアーベルはコーシーにも会ったことがあるようで，「コーシーは気違い（fou）で，どうにもならない」などと書かれていますが，「しかし」とすぐに言葉をあらためて，「目今数学を如何に取り扱うべきかを知っている数学者は彼であろうか」と続けました．

　アーベルの言葉のとおりと思いますが，実際に読み始めるとコーシーの著作はどうも退屈です．コーシー自身は連続関数の世界にとどまりはしたものの，真意は外部世界への進出にあり，そのための第 1 着手のつもりで連続関数の世界において微積分の再構築を試みたのであろうと思いますが，その際に提示された新たな流儀はディリクレやリーマン，それにヴァイエルシュトラスなど一群の継承者たちの手にわたり，長い歳月をかけて今日に及んでいます．コーシーは偉大な数学者でしたが，その偉大さの真実を理解するにはコーシー以前の微積分の姿を踏まえてコーシーを見なければなりませんし，考えるヒントは歴史の回想の中にのみ見出だされるのではないかと思います．

回想と展望

　一般に数学は普遍性の度合いがきわめて高い学問と考えられていると思わ

2. 代数的微分式の積分

れますが，大いに異論を唱えたいと思います．数学は論理的に記述しようと
すれば，それはそれで相当の程度まで論理的に振舞えますが，数学の創造の
現場に立ち会うとそのようなことは言えなくなります．数学の諸概念を見て
も必ずしも普遍性が認められるわけではありません．たとえば「関数」とい
う解析学の根本概念に着目すると，無限解析が発見された当初のライプニッ
ツやベルヌーイ兄弟の時代には存在しませんでした（「関数」の原語 functio
という言葉だけはありました）．関数概念のない無限解析が成立したことは，
この方面の史上最初のテキストとして知られるロピタルの著作『曲線の理解
のための無限小解析』（1696 年）を見れば一目瞭然です．

　オイラーは関数概念を 3 種類まで提案しましたが，そのオイラーは実にさ
まざまな数学的状勢に直面した人で，曲線を理解するためには第 1 の関数
（解析的表示式），大砲から火薬の力を借りて打ち出される砲弾の軌跡を追う
には第 2 の関数，はじかれた弦が振動する様子を理解するためには第 3 の関
数というふうに，解明をめざす諸状勢の特色に応じてそのつど別種の関数を
持ち出しました．これを言い換えると，関数概念を基礎に据えるという，そ
のこと自体がオイラーに固有の数学的アイデアだったのであり，そこにはい
かなる普遍性も認められません．オイラー以降，オイラーのアイデアは継承
者たちの間で広く受け入れられるようになり，今日ではすっかり定着してい
ますので，普遍性に似た様相を呈していますが，あくまでもオイラーひとり
の創意に満ちたアイデアであったことは忘れられません．

　解析的表示式を指して関数と呼ぶという明確な宣言が出されたのは，『無
限解析序説』の冒頭においてでした．この書物が刊行されたのは 1748 年．
それから 270 年ほどの歳月が流れて今日にいたっても，オイラーのアイデア
はなお生きて働いています．今日の数学が依然としてオイラーの大気に包ま
れていることを示す有力な証拠と見るべきであろうと思います．数学は知的
もしくは論理的に見れば普遍的な印象はたしかにありますが，根底にあって
全体を支えているのは，幾人かの特定の個人，言い換えると「数学を創った

121

第 2 章　代数関数論のはじまり

人びと」のそれぞれに固有の主観的感受性です.

　もっともオイラーは自分でかってに思索にふけったというわけではなく,曲線や振動弦や砲弾の軌跡などはオイラーの時代の数学者たちの共通の関心事でした. 曲線の解明というテーマを例に取ると, 無限解析が成立するよりもずっと前から人びとの興味をかきたててやまなかったのですし, 無限解析そのものの泉でもありました. オイラーはこれを継承して参入したのですから, オイラーのアイデアは単なる思いつきではなく, どこまでも主観的でありながら, しかも同時に数学の流れを感知したときにはじめて現れることができたのでした. そこで, この場合のオイラーの主観を指して**歴史的主観**と呼びたいと思います.

　歴史は主観を限定しますが, 主観は歴史に限定されてはじめて思いつきの域を脱却し, みずからもまた歴史の流れに寄与することができるようになります. 言い換えると, 深く歴史を継承する者のみが, よい継承者に恵まれるということでしょうか. オイラー個人のいかにも個性に満ちた一群のアイデアが, 今日もなお数学全体の礎（いしずえ）になっている様子を見れば, このあたりの消息はよく諒解されるのではないかと思います.

　数学史叙述の基本方針ということを考えてみると, たいていの数学史では理論形成の流れの叙述が中心になっているのではないかと思います. たとえば, 代数方程式論の歴史とか, 微分積分の形成史, 代数関数論の形成, 代数的整数論の展開, 抽象代数の成立などというふうに, 各論を立てることもよく行われます. これらは数学の内部の流れを観察しているわけですので,「内的な数学史」と呼ばれることがあります. これに対し, 数学の外側に足場を定めて, オイラーとその時代とか, 革命期のフランスの科学, ワイマール時代のドイツなどというふうに, 数学を囲む社会的状勢との関連のもとで数学の姿を観察するという歴史叙述もあり, 内的な数学史に対して「外的な数学史」と呼ばれることがあります. 外的な数学史には数学の理論そのものはあまり登場しません.

内側から見るにせよ，外側から見るにせよ，従来の数学史で関心が寄せられているのはあくまでも数学そのものであることは変りません．数学者の生い立ちやおもしろいエピソードが語られることもありますが，たいていの場合，なんだか添え物のような印象があります．これを言い換えると，数学史の叙述と数学を創った人びとの人生が本質的に乖離していて，だれがどのように創造したのかという，数学が生れる現場に立ち入って論じられることはめったにありません．

ですが，オイラーその人を離れてオイラーの数学はなく，ガウスの人生とは無関係にガウスの数学が生れるはずもありません．岡潔先生の多変数関数論は，あの長い年月にわたる秋霜烈日の人生と決して無縁ではありえません．このあたりの消息から目を離さずに，「人」が数学を創る，ということを基本線とする数学史を叙述することはできないものでしょうか．

3 ──── レムニスケート曲線から楕円積分へ

ペテルブルクからの手紙──ニコラウス・フスとガウス

オイラーは晩年，視力が衰えてほぼ完全に失明しましたので，数学研究の助手が必要になり，郷里のバーゼルからニコラウス・フスという少年を呼び寄せました．この当時のオイラーの滞在先はペテルブルクで，フスが到着したのは 1773 年 5 月と記録されています．フスは 1755 年 1 月 30 日に生れた人ですから，このとき 18 歳です．オイラーが亡くなったのは 1783 年 9 月 18 日．満 76 歳でした．その日，オイラーは孫に数学を教えていたそうですが，フスもまたその場に居合わせました．オイラーは脳出血に襲われたようで，意識を失う前に「死ぬよ」とつぶやいたと言われていますが，そんなエ

第 2 章　代数関数論のはじまり

ピソードを伝えたのもフスです．

　オイラーの没後，フスはペテルブルクにとどまり，晩年は，というのは 1800 年から 1826 年までのことですが，科学アカデミーのパーマネントセクレタリー（permanent secretary）になりました．事務方の最高責任者という感じでしょうか．この時期のある日，フスはガウスに手紙を書き，ペテルブルクの科学アカデミーに招聘しました．ガウスはこの誘いに魅力を感じたようですが，結局，1 通の手紙を書いて断りました．その手紙の日付は 1803 年 4 月 4 日ですから，すでに『アリトメチカ研究』（1801 年）が刊行された後のことですし，新進の数学者として認識されていました．そこでフスはガウスにねらいを定めてペテルブルクに誘いの声をかけたのでした．1777 年 4 月 30 日に生れたガウスは，オイラーが世を去ったとき，まだ 6 歳でした．生前の交友はありえませんでしたが，オイラーの晩年の助手のフスが，二人の架け橋になろうとしたのは興味深い出来事です．

　フスはオイラーの娘と結婚しましたので，縁戚関係もありました．パウル・ハインリッヒ・フスという子供がいて，少々まぎらわしいのですが，父ニコラウスは 1826 年の年初，1 月 4 日に亡くなりました．子供のハインリッヒの生年は 1798 年（1855 年没）ですから，オイラーの没後 15 年目になりますので，オイラーが亡くなった日にいっしょだった孫とは違います．

　今日，オイラーの論文と著作はエネストレームナンバーと呼ばれる番号が附されて整理されています．スウェーデンの数学史家エネストレームの仕事ですが，エネストレームの前には「フスナンバー」と呼ばれる目録がありました．それはハインリッヒ・フスが作成した目録で，オイラーの作品がテーマ別に分類され，番号が打たれています．総計 756 篇で，866 篇をおさめるエネストレームの目録に比べると少な目ですが，オイラーのすべてを集大成しようとする一番はじめの試みで，値打ちがあります．

　エネストレームの目録はフスの目録とは違い，年代順に配列されています．

3. レムニスケート曲線から楕円積分へ

ハインリッヒ・フスとアーベル

ニコラウス・フスがガウスをペテルブルクの科学アカデミーに誘ったのは，才能のある新進に声をかけたということですから，それ自体としては当然のようでもあり，特筆するほどのことではないようにも思えます．ではありますが，フスは単なる助手ではなく，オイラーやガウスには及ばないまでも，オイラーに直々に指導を受けた数学者でもありました．オイラーの身近にいてもっともよくオイラーを知るフスは，ガウスの作品の尋常ならざる深遠さを感知することができたのでしょう．

ガウスの次の世代を代表する数学者というと，アーベルとヤコビの名が即座に念頭に浮かびますが，ヤコビは深くオイラーに傾倒した人で，オイラーの著作や論文を熱心に探索し，1843 年にはハインリッヒ・フスと協力してオイラーの書簡集（全 2 巻）を出版しました．アーベルとハインリッヒの関係はどうかというと，直接の交流はなかったのですが，ハインリッヒはアーベルの論文を通じてアーベルの名を認識した模様です．それを示しているのは 1828 年 5 月 28 日の日付でクレルレがアーベルに宛てた書簡で，ペテルブルクのハインリッヒからクレルレのもとに来信があり，ハインリッヒはアーベルの論文を喜んで読んでいるという消息が伝えられました．ハインリッヒはアーベルの代数方程式論や楕円関数論を読んだのではないかと思いますが，どちらもオイラーと深い関わりのあるテーマです．わけてもアーベルの楕円関数論はオイラーに始まる理論ですし，アーベル自身，長篇「楕円関数研究」（1827 - 1828 年）をオイラーの回想から説き起こしているのですから，ハインリッヒの喜びの大きかったことは容易に推察されます．

アーベルとガウスの関係はいくぶん微妙です．1825 年の秋 9 月，アーベルは故国のノルウェーを発ってヨーロッパ旅行に出かけました．目的地はパリだったのですが，コペンハーゲン，ハンブルク，ベルリン，ライプチヒ，フライベルク，ドレスデン，プラハ，ウィーン，グラーツ，トリエステ，ヴェネチア，ヴェローナ，ボルツァーノ，インスブルックを経由するという

第2章　代数関数論のはじまり

大旅行になりました．パリに到着したのは1826年7月10日ということですから，10箇月もかかっています．これだけの旅になるのでしたら，途中でゲッチンゲンに立ち寄ってガウスに会うこともできたのではないかと思いますし，アーベルもまたガウス訪問を考えないではなかったようですが，これは実現しませんでした．

　ガウスはアーベルにもっとも深い影響を及ぼした数学者でした．アーベルがクリスチャニア大学の学生のころの図書館の貸し出し記録によると，ガウスの著作『アリトメチカ研究』を借り出したことがわかるそうですが，アーベルの代数方程式論と楕円関数論はこの書物の最終章（第7章）に示唆を受けてできあがりました．『アリトメチカ研究』の第7章のテーマは円周等分方程式論ですが，円周等分方程式はどれほど次数が高くても代数的に解けることがそこで示されています．

　アーベルは早くから代数方程式の代数的可解性の問題に関心を寄せ，「不可能であることの証明」をめざしていたのですが，大旅行に出る前にこの企てに成功したと思い，証明を記述した小冊子を作成して，あちこちの数学者のもとに送付しました．ガウスにも送りました．ヨーロッパ旅行の途次，アーベルはベルリンでクレルレと知り合い，クレルレといっしょにゲッチンゲンにガウスを訪問したいと考えていたところ，ガウスはアーベルの小冊子を歓迎していないといううわさが伝わってきました．そのためにガウスを訪問する気持ちが消失したと言われているのですが，あれこれと考えさせられるところの多い不思議なエピソードです．

アーベルの「不可能の証明」をめぐって

　ガウスはなぜアーベルの「不可能の証明」を喜ばなかったのでしょうか．ベルリンに逗留中のアーベルにこの話を伝えたのはだれなのか，経路はよくわかりませんが，ガウスの没後，アーベルが送付した論文は読まれた形跡のないままの状態で見つかったということですから，ガウスは目を通すことも

3. レムニスケート曲線から楕円積分へ

なく放置したのでしょう．そうであれば評価するとかしないとかという以前の話になりますから，歓迎していないとか，これはまちがっていると否定的に判断したとかということさえなく，単にガウスは何も語っていないといううわさをアーベルの耳に入れた人がいたのかもしれません．

アーベルは当初，5次方程式はつねに代数的に解けるのではないかと考えて，根の公式を見つけようとして成功したと確信した一時期もありましたが，まもなくこれを放棄して，そのような一般公式の存在に疑念を抱き始めたと言われています．大きく方針を転換して「不可能の証明」に取り組み，これに成功したのですが，この研究においてアーベルに決定的な影響を及ぼしたのはラグランジュの論文「省察」（1772-1773 年）と見られています．たいていの数学史の本にそのように記されていますが，この通説には疑問の余地があります．カルダノの時代からこのかた，5次方程式の根の公式の探求はえんえんと続けられてきたのですが，存在を疑う声は発せられず，ようやくラグランジュにいたって省察の気運が現れました．アーベルはそのラグランジュの「省察」に影響を受けて，根の公式は存在しないのではないかという着想を得たと考えるのが通説ですが，ラグランジュの「省察」の対象は3次と4次の代数方程式の解を代数的に表示する数々の既知の公式なのであり，5次以上の次数の方程式については，「省察」の成果を適用してもそれだけでは根の公式は見つからないという状勢が表明されただけにすぎませんでした．

ラグランジュの「省察」の骨子は「根の有理式」を考察するところにあります．3次と4次の方程式の解法の導き方はいくつも知られていましたが，それらの相違は，どのような有理式を考えるのかということに由来することをラグランジュは示しました．取り上げた有理式において「根の置換」を行うと有理式の値がさまざまに変化しますが，異なる値が何個あるのかという点にラグランジュは着目しました．アーベルの「不可能の証明」にはこの着眼が使われていますので，ラグランジュに影響を受けたと説明されるのですが，そもそも「不可能なのではないか」と思い，「不可能であること」を証

第 2 章　代数関数論のはじまり

明しようとする着想が念頭になければ，せっかくのラグランジュのアイデア
も出番がありません．

　それなら，アーベルに「不可能であること」を示唆したのはだれかという
問題が生じます．アーベルはラグランジュの「省察」を見ただけで，一挙に
そこまで飛躍することができたのでしょうか．

　なぜかしらあまり語られることがないのですが，ラグランジュとアーベル
の間にもうひとり，5 次方程式の根の公式の存在を疑う所見を明瞭に表明し
た人がいます．それはガウスです．ガウスは一方では，「代数学の基本定理」
の証明を記述した学位論文において，高次方程式の根の公式は存在しないと
いう見解を明記していますし，他方では，『アリトメチカ研究』の第 7 章に
おいて円周等分方程式は代数的に可解であることを証明しました．アーベル
はこれらのすべてを知っていましたし，だからこそガウスは「不可能の証
明」を理解すると信じてガウスのもとに送付したのでした．

　ラグランジュは 1813 年 4 月 10 日に亡くなっていて，その時点では 1802
年 8 月 5 日生れのアーベルはようやく満 10 歳でしたから，「不可能の証明」
に成功したとき，ラグランジュはもうこの世にいませんでした．そのため，
アーベルの証明を理解できそうな人はガウス以外には見あたらなかったので
すから，ガウスのもとに送付したのは正しい判断でした．ですが，たとえラ
グランジュが健在だったとしても，ラグランジュがアーベルの証明を理解で
きたのかどうか，この点はわかりません．ガウスはまちがいなく理解できた
と思いますが，実際には一瞥もくれませんでした．アーベルにとっては不幸
なことでしたが，ガウスは他人の研究には興味がなかったのでしょう．

ガウスとルジャンドル

　ガウスはひとりきりの思索に生涯を打ち込んだ孤高の数学者でした．アー
ベルの論文が無視されたのは残念ですが，ガウスのもとには論文や著作が
ヨーロッパのあちこちから送られてきたことでしょうし，ガウスにしてみれ

3. レムニスケート曲線から楕円積分へ

ばいい迷惑で，いちいち目を通してはいられなかったのでしょう．まして
アーベルのような無名の数学者が作成した小冊子を読まなかったからといっ
て批判するのも気の毒なことのようにも思えます．

　ガウスはアーベルのような新進を無視したばかりではなく，ルジャンドル
のような長老にも必ずしも敬意を払いませんでした．ルジャンドルとガウス
の間には平方剰余相互法則とその証明をめぐって優先権争いのような事態が
生じたのですが，時系列に沿ってこの間の経緯を回想すると，平方剰余相互
法則を一番はじめに発見したのはオイラー（ただし，ルジャンドルもガウスも
オイラーの発見を知りませんでした），この法則の証明を試みた最初の人物は
ルジャンドル（失敗に終りました），はじめて証明に成功したのはガウスです．

　ルジャンドルは独自にこの法則を発見し，1785 年の論文「不定解析研究」
において証明のスケッチを公表しました．ルジャンドルの生年は 1752 年で
すから，このとき 33 歳です．それから 13 年後の 1798 年になって『数の理
論のエッセイ』という著作を刊行し，ここにもまた相互法則の証明を記載し
ました．基本方針は 13 年前の証明と同じですが，改良の跡も見えますし，
相当に詳しく書かれています．ルジャンドル本人は正しいことを疑わなかっ
たようですが，根底に大きな欠陥があることをガウスが指摘しました．ガウ
スは 1801 年の著作『アリトメチカ研究』において相互法則を正しく証明し
たばかりか，原理を異にする 2 通りの証明を与えたのですが，特に 1 節を割
いてルジャンドルの証明を精密に検討して問題点を指摘しました．ルジャン
ドルはまちがっていたのです．

　ルジャンドルはガウスの批判を理解したようで，『数の理論のエッセイ』
の改訂版を第 2 版（1808 年），第 2 版への補足（1816 年），第 2 版への第 2 の
補足（1825 年），第 3 版（1830 年）と重ねていく中で証明を改訂する努力を
続けました．若いガウスにも敬意を払ったようで，改訂版が出るとガウスに
謹呈しましたし，自分の証明とは別に，自著の中でわざわざガウスの証明を
紹介することまでしました．ルジャンドルは謙虚な人だったのでしょう．と

第 2 章　代数関数論のはじまり

【コラム】平方剰余相互法則

　平方剰余相互法則というのは，2 次の合同式の場において，異なる二つの奇素数（2 以外の素数）の間に認められる相互依存関係の呼称です．p と q は異なる奇素数として，二つの合同式

$$x^2 \equiv p(\mathrm{mod}.q)$$
$$x^2 \equiv q(\mathrm{mod}.p)$$

を同時に設定し，それぞれの合同式が解をもつか否かを考えていくと無関係ではないことがわかります．p, q の形に応じていろいろな場合が起こりえますが，少なくとも一方が「4 で割ると 1 が余る」という形のときには，どちらも解けるか，あるいはどちらも解けないかのいずれかであり，どちらも「4 で割ると 3 が余る」という形のときには，どちらか一方は解けるが，他方は解けません．この事実を指して，ガウスは「平方剰余の理論における基本定理」と呼びました．「相互法則」という言葉を提案したのはルジャンドルです．

　たとえば，$p = 5, q = 19$ のときは合同式 $x^2 \equiv 5(\mathrm{mod}.19)$, $x^2 \equiv 19(\mathrm{mod}.5)$ はどちらも解をもちます（$x = 9$ は前者の合同式の解．$x = 3$ は後者の合同式の解．ほかにも無数の解が存在します）．$p = 5, q = 7$ のときは，合同式 $x^2 \equiv 5(\mathrm{mod}.7), x^2 \equiv 7(\mathrm{mod}.5)$ はどちらも解をもちません．$p = 7, q = 11$ のときは合同式 $x^2 \equiv 7(\mathrm{mod}.11)$ は解をもちませんが，$x^2 \equiv 11(\mathrm{mod}.7)$ は解をもちます（たとえば $x = 2, x = 5$）．

　p は奇素数とするとき，$x^2 \equiv -1(\mathrm{mod}.p)$ の可解性は p の形によって決まり，解けるのは p が「4 で割ると 1 が余る」という形のときに限ることをガウスが発見しました．今日の語法では，これを「平方剰余相互法則の第 1 補充法則」と呼んでいますが，相互法則という言葉はこの事実にはあてはまりません．合同式 $x^2 \equiv 2(\mathrm{mod}.p)$ については，解をもつ

のは p が「8 で割ると 1 または 7 が余る」という形のときに限ります．
これもガウスの発見で，今日の語法では「平方剰余相互法則の第 2 補充
法則」と呼ばれていますが，「相互法則」という言葉はやはり相応しくあ
りません．

　ルジャンドルが提案した記号 $\left(\dfrac{a}{p}\right)$（ p は奇素数，a は p で割り切れない
整数）を用いると，平方剰余相互法則の簡明な表示が得られます．この記
号は，合同式 $x^2 \equiv q \pmod{.p}$ が解をもつとき +1，解をもたないときは
−1 という数値を示すのですが，異なる二つの奇素数 p と q に対しては
二つのルジャンドル記号 $\left(\dfrac{q}{p}\right)$, $\left(\dfrac{p}{q}\right)$ が意味をもちます．そこで平方剰余
相互法則は等式

$$\left(\frac{q}{p}\right)\left(\frac{p}{q}\right) = (-1)^{\frac{p-1}{2}\frac{q-1}{2}}$$

によりきれいに表示されます．

ころがガウスはルジャンドルから送られた著作をていねいに読んだりしませ
んでした．ゲッチンゲンの図書館にガウスの遺稿や蔵書をすべて収納した
アーカイブ（記録保管所）があり，ルジャンドルが謹呈した本もそこに保管
されているのですが，実物を見てきた人がいて，ほとんど読んだ形跡がない
と教えてくれました．フランス式の装幀ですので，読むためにはペーパーナ
イフで頁を切らなければならないのですが，切られている頁はごくわずかで，
しかも相互法則の証明に関する箇所ばかりだったということです．

　ルジャンドルの本はオイラーとラグランジュの数論を祖述した作品ですか
ら，原典に精通しているガウスは読まなくてもわかったのでしょう．唯一，
相互法則の発見とその証明の試みのみはルジャンドルに独自の寄与ですが，

第2章　代数関数論のはじまり

それについては，ガウスはなにしろルジャンドルの証明はまちがっていると
いう判定を下したのですから，軽く見られても仕方のないところではありま
す．それでもルジャンドルにしてみればおもしろくなかったようで，1827
年11月30日付のヤコビへの手紙の中で，

　　　1785年に公表された相互法則の発見を，1801年の時点で自分のも
　　　のにしたいと望んだのは，この人物なのです．

などと書いています．1785年はルジャンドルの論文「不定解析研究」が公
表された年（正確に言うと，掲載誌はパリの科学アカデミーの1785年の紀要で
すが，実際に刊行されたのは1788年です）で，1801年はガウスの著作『アリ
トメチカ研究』の刊行年です．優先権争いといっても腹を立てて優先権を主
張するのはルジャンドルだけで，ガウスのほうではいつもルジャンドルを無
視していました．大先輩に対してあまり感じのよい態度ではありませんが，
ガウスはそういう人でした．敬意を払い，仰ぎ見て深く学んだのはただひと
り，オイラーのみであったろうと思います．

平方剰余相互法則をめぐって

　平方剰余相互法則の証明をめぐるガウスとルジャンドルの話に転じたのは，
ガウスがアーベルの論文を無視したという出来事の原因として，他の数学者
の研究に関心を払わないというガウスの独特の気質も考えられるのではない
か，という仮説を語ってみたかったからでした．実際のところは何とも言え
ませんが，数学の内実に目を向けてみれば，アーベルの論文はガウスの興味
を引かなかったのではないかとも考えられます．

　次数が4をこえる一般代数方程式の場合，根の公式など存在するはずがな
いとガウスは確信していました．証明を詳述した形跡はありませんが，「代
数学の基本定理」を語る学位論文や『アリトメチカ研究』の第7章の円周等

132

3. レムニスケート曲線から楕円積分へ

分方程式論の場で吐露されているわずかな言葉は，この間の消息をありあり
と物語っています．それに，円周等分方程式の取り扱い方を見れば，このよ
うな理論を展開することができたガウスその人が，「不可能の証明」の構成
に苦しんだとはとうてい思われません．ガウスは円周等分方程式の代数的可
解性を示したのですが，その解き方というのは，純粋方程式（$x^k = a$ とい
う形の方程式のことです）を次々と解きながら解そのものに一歩また一歩と
近接していくというもので，その一連の手順には，方程式を代数的に解くと
いうのはこのようなことをいうのだという明快なメッセージが伴っています．
はっきりとした証拠があるわけではないのですが，「不可能の証明」は実際
に書くまでもないほど，ガウスにとっては自明なことだったのであろうと思
われます．

　それでも，これだけではまだアーベルの論文を無視した理由にはなってい
ません．アーベルはガウスの円周等分方程式論を学び，代数的可解性の本質
（「諸根の相互関係」により決定されるという事実）を理解し，ガウスの思想の
圏内において証明を組み立てたのですから，わずかでも目を通しさえすれば，
ガウスはたちまちこれを理解したにちがいありません．それなのになぜその
ようにならなかったのかといえば，これは前々から考えていることなのです
が，円周等分方程式論の代数的側面の本質を洞察した人がほかにあろうとは
思えなかったためではないでしょうか．それで，アーベルの論文のタイトル
を見てすぐに，こんな論文はまちがっているに決まっている，読むまでもな
いと速断し，放置したのであろうと思います．

　代数方程式論において，ア　ベルがガウスの円周等分方程式論から学んだ
のは「不可能の証明」だけではありませんでした．次数が 4 をこえると一般
代数方程式の根の公式は存在しないとしても，円周等分方程式は次数の高低
にかかわらずつねに代数的に可解ですが，そこには何かしら円周等分方程式
に固有の属性が備わっていると考えられます．ガウスの証明法の本質を洞察
すれば，**円周等分方程式は巡回方程式である**という性質に目が向きます．

第 2 章　代数関数論のはじまり

【コラム】巡回方程式とアーベル方程式

　アーベルの論文「ある特別の種類の代数的可解方程式の族について」
（1829 年）によると，代数方程式の代数的可解性を左右する根本的な要因
は「諸根の間の相互関係」です．次数 n の既約代数方程式 $P(x) = 0$ の
n 個の根は，どれもみなあるひとつの根 x の有理関数として，

$$x, \theta x, \theta^2 x, \theta^3 x, \cdots, \theta^{n-1} x \ （ここで \ \theta^n x = x）$$

という形に表されるとします．θx は x の有理関数で，$\theta^2 x$ は合成関数
$\theta(\theta x)$，$\theta^3 x$ は合成関数 $\theta(\theta(\theta x))$ を表します．以下も同様に続いて
$\theta^{n-1} x$ にいたり，その次の $\theta^n x$ を作ると出発点の x にもどります．諸根
の間にこのような相互関係が認められるとき，方程式 $P(x) = 0$ を巡回
方程式と呼んでいます．

　既約な巡回方程式は代数的に可解です．ガウスは『アリトメチカ研究』
（1801 年）において既約円周等分方程式は巡回方程式であることを示し，
その事実を基礎にして代数的可解性を示しました（ガウスの本来の意図が
そこにあったわけではありません，事のついでにガウスの筆はそこに及びまし
た）．それを見て，円周等分方程式から巡回方程式の概念を抽出したのは
アーベルですが，アーベル自身が巡回方程式と命名したわけではありま
せん．

　アーベルは巡回方程式の概念の延長線上にアーベル方程式の概念を把
握しました．再び $P(x) = 0$ は既約多項式とし，その根はどれも，ある
ひとつの根 x の有理関数の形に表されるとします．θx と $\theta_1 x$ は x 以外
の任意の 2 根とするとき，つねに等式

$$\theta \theta_1 x = \theta_1 \theta x$$

が成立するとします．このような方程式もまた代数的に可解であること
をアーベルは示しました．これがアーベル方程式ですが，命名したのは
アーベルではなくクロネッカーです．

134

アーベルはこれを正しく見抜いたうえでなお一歩を進め，のちにアーベル方程式と呼ばれることになる特定の代数方程式の範疇を発見し，**アーベル方程式は代数的に可解である**ということの証明に成功しました．このような次第ですので，アーベルはガウスの継承者たちの中でもまず第1に指を屈するべき数学者です．ラグランジュに学ぶだけではとてもここまでは到達できなかったと思います．

ガロアのガロア理論と今日のガロア理論

　ガウスは代数方程式論の領域で真に画期的な一歩を踏み出しました．学位取得論文では代数方程式の根の存在の有無の確認を問題にして，明快に存在証明を語りましたし，『アリトメチカ研究』の最終章では，円周等分方程式の代数的可解性を構成的に示しました．これらの事柄は今ではだれもが知る事実なのですが，アーベルとガロアの代数方程式論への影響を語るという場面においてひんぱんに言及されるのはラグランジュばかりで，ガウスの影響が強調されることは非常に少ないという印象があります．ここではこの趨勢に疑義を表明し，アーベルとガロアの理論に根本的な影響を及ぼしたのはラグランジュではなくてガウスであることを，繰り返し指摘しておきたいと思います．

　アーベルについてはだいぶ詳しく語りましたので，ガロアの代数方程式論について多少触れておきたいと思います．だいぶ前のことになりますが，ガウスの『アリトメチカ研究』を読み始めて第7章にたどりついたとき，即座に強い印象を受けたのは，「ガウスの円周等分方程式論はガロア理論そのものだ」という一事でした．

　今日の「ガロア理論」は非常に一般的な枠組みの中で抽象的に構成されていて，もはや代数方程式の解法理論とは言えません．群や体の基礎理論から説き起こされて，「ガロア対応」に及んでひとまず完了し，さてそのうえでかんたんな応用例のひとつとしてアーベルのいわゆる「不可能の証明」が語

第 2 章　代数関数論のはじまり

られるという恰好になっていますから，歴史の流れとは真逆です．

　代数方程式論に話をもどしますと，今日のガロア理論を手持ちにして円周
等分方程式の解法に向うなら，ガウスが構成した解法理論がたちまち再現さ
れます．その作業は強力な一般理論のかんたんな演習問題にすぎないのです
が，理論形成の道筋という観点に立てば，目に映じる情景は一変します．そ
れは，「ガロアはどうしてガロア理論を構想することができたのか」という
問いを立てるということにほかなりませんが，ガロアの眼前にはガウスの円
周等分方程式論がありました．ガロアは円周等分方程式を代数的に解くガウ
スの手法を深く学び，どうして解けるのかという秘密を洞察し，ガロア理論
の発見に到達したのであろうと思います．

　アーベルの場合と同様，ガロアもまたガウスに学んだのです．ラグラン
ジュの影響というのはないわけではないと思いますが，ラグランジュだけを
手持ちにして「不可能の証明」（ガロアもまた，アーベルとはまったく別の道を
通って「不可能の証明」に到達しました）に向うのでは，なにしろ代数的に解
けるというのはどのようなことか，という根本に寄せる認識が欠如している
のですから，完全な証明は望めません．

　広く知られているように，ガロアは決闘で亡くなったのですが，決闘の前
夜，友人に宛てて 3 通の手紙を書きました．そのうち，オーギュスト・シュ
ヴァリエに宛てた手紙は「数学書簡」というべきもので，短い生涯において
到達した数学研究の骨子が綴られています．「時間がない」と嘆息しながら，
ともあれひととおり書き終えた後，末尾に，

　　ヤコビかガウスに，これらの定理の正しさについてではなくて，重
　　要性について意見を述べてくれるよう，公に依頼してほしい．

と書き添えました．「これらの定理」というのは代数方程式論と楕円関数論
の領域でガロアが発見した一連の定理を指すのですが，代数方程式に関する

136

3. レムニスケート曲線から楕円積分へ

研究については，それまでに何度かパリの科学アカデミーに提出して評価を求めていました．ですが，そのつど無視されたり，冷淡な返答があったりするのみで，ガロアを苦しめました．そんな経緯を踏まえて，生涯の最後になろうかと思える日に（決闘で勝てる見込みはなかったでしょうから），科学アカデミーのような権威ある組織ではなく，ヤコビやガウスに見てもらいたいと，特定の個人の所見を求めました．

　「人」を理解するのはつねに「人」なのであり，組織ではありません．そのうえ，共感し，理解する「人」というのは非常に特別の人なのであり，理解される人と理解する人は本質的に「同じ人」です．ガロアの場合でしたら，ガロアをもっともよく理解する人はアーベルでした．ガロアが最後の手紙を書いたとき，アーベルはもうこの世を離れていましたから，アーベルの意見を求めることはできなかったのですが，ガロアにとって最大の痛恨事であったことと思います．それでもまだガウスがいますし，アーベルを深く理解するヤコビも健在でした．ガロアは最後の最後になって，人が人を理解するという出来事の本質を悟ったのでしょう．遺書の最後に書き添えられた数語は，その消息を今に伝えて読む者の心に何事かを語りかけています．まさしく遺書中の白眉です．

レムニスケート積分を見て

　アーベルとガロアの主な研究対象は楕円関数論と代数方程式論でした．全体を見れば相違はありますが，非常に大きな部分が重なっていますし，二人ともガウスの巨人な影響を受けているところも共通しています．この「ガウスの影響」ということは語られることが少ないのですが，もっと強調されてよいのではないかと思います．ガウスが円周等分方程式の解法を低次数の一系の方程式に帰着させ，その流れの中で代数的に解いていく情景をはじめて目の当たりにしたときのことですが，前述のように，これはガロア理論そのものだ，ガウスはガロア理論を適用して円周等分方程式を解いているのだと

第 2 章　代数関数論のはじまり

思い，大きな衝撃を受けたものでした．事実はもちろん正反対で，ガロアはガウスの方法の本質を洞察して，そこからガロア理論を取り出したのですが，ガウスを見るガロアの心情がまざまざと回想されて，今ここで数学の誕生の瞬間に立ち会ったのだという深い感銘に襲われました．

　アーベルとガロアの代数方程式論についてもう少し言い添えると，「不可能の証明」に成功したところは共通していますが，ガロアは「代数方程式が代数的に解けるための必要十分条件」を得ています．しかも，既述のように，代数方程式論を越えて広範な適用域をもつ「ガロア理論」の可能性を内に包んでいます．これに対し，アーベルのほうはどこまでも代数方程式論に密着していました．公表にはいたらなかったのですが，遺稿を参照すると，代数的に解ける方程式の根に特有の形状を明示することに非常に強い関心を寄せていて，その思索の中から代数的可解性の必要十分条件をも取り出した模様です．それに，アーベルは**アーベル方程式**という，代数的に解ける方程式のひとつの範疇を発見しました．これはアーベルに独自のもので，ガロアには見られません．このあたりがアーベルとガロアのそれぞれの本領で，ガウスに学んで，しかもガウスには見られない世界をそれぞれ独自に創造する道を歩んでいったことになります．

　整数論との関連でいうと，大雑把に見て，ガロア理論とアーベル方程式の概念が二つながら揃ってはじめて類体論の建設が可能になりました．類体論のアイデアを提起したのはヒルベルトですが，数論の系譜をさかのぼると，ヒルベルトの前にハインリッヒ・ウェーバーがいて，その前にアイゼンシュタインとクロネッカー，そのまた前にディリクレとクンマーがいます．それからまたさらにその前に目をやると，そこは近代数学の源泉なのですが，ガウスがいます．代数方程式論の場においてアーベルとガロアがガウスが語らなかった地点まで歩を進めたことはまちがいありませんが，その先に類体論が待っていて，その類体論もまた数論におけるガウスの大掛かりなアイデアの延長線上に生れたのですから，数学という学問が全体としてガウスの思想

に包まれているかのような感慨を覚えます.

　ガウスは数論の泉であり，同時に代数方程式論の泉でもあり，なおもうひ
とつ，楕円関数論の泉でもある人物です．実に多彩な側面を一身に兼ね備え
ているのですが，真に驚くべきことは，あれこれの側面がみな緊密に連繋し
ているという事実です．『アリトメチカ研究』の第7章は既述のように円周
等分方程式論なのですが，書き出しのあたりを見ると，

$$\int \frac{dx}{\sqrt{1-x^4}}$$

という積分が書かれていて，目を奪われます．この積分はレムニスケート曲
線の弧長を積分計算により算出するときに現れる積分で，**レムニスケート積
分**（105 – 106 頁，141 – 142 頁参照）と呼ばれていますが，それがなぜ円周等
分方程式論を語ろうとする章のはじめに配置されたのでしょうか．あまりに
も謎めいた情景です.

4 ─── レムニスケート曲線とレムニスケート積分

ファニャノのレムニスケート積分論を思う

　数字の8の字のような形のレムニスケート曲線が数学史に登場したのは
17 世紀の終り掛けのことで，最初に発見したのはベルヌーイ兄弟の兄のヤ
コブですが，ほんの少し遅れて弟のヨハンもまた兄とは独立に同じ曲線を発
見しました．今日の微積分のテキストにもよく顔を出す有名な曲線で，接線
を引いたり，弧長を測定したり，この曲線で囲まれる有界閉領域の面積を求
めたりするのは，恰好の演習問題です.

第2章　代数関数論のはじまり

古典研究の途次，はじめてレムニスケート曲線を目にしたのはアーベルの論文「楕円関数研究」を読んだときのことで，アーベルはこの曲線の弧長積分を計算してレムニスケート積分を書き下していました．アーベルはガウスの『アリトメチカ研究』の第7章に深遠な影響を受けてレムニスケート曲線の研究に向ったのですが，ガウスの著作『アリトメチカ研究』も同時に読み進めていましたので，円周等分方程式論の冒頭にレムニスケート積分が出ていることも承知していました．その後，オイラーの無限解析の解明を進める中で何度もこの積分に遭遇しましたが，もっとも感銘が深かったのはイタリアの数学者ファニャノとオイラーの出会いの光景でした．

ファニャノは独自のレムニスケート積分論を展開して，微分方程式論の場でオイラーが直面していた苦境を救う役割を果たしたのですが，それとは別にもうひとつ，レムニスケート積分に関連して知りえたことがあります．それはファニャノがこの積分の研究に向った動機に関することなのですが，ファニャノがみずから書き残している言葉によると，ベルヌーイ兄弟の研究に触発されたというのです．

ファニャノによると，ベルヌーイ兄弟はイソクロナ・パラケントリカ（側心等時曲線）という曲線の作図を企図して，それをレムニスケート曲線の作図に帰着させたとのことで，これによってレムニスケート曲線の名が高くなったというのです．そこで，なお一歩を進めてレムニスケート曲線の弧長測定を2次曲線，すなわち楕円と双曲線の弧長測定に還元しようとするところにファニャノの数学的意図がありました．ファニャノはこれに成功したのですが，ここではひとまずレムニスケート積分が数学の世界で脚光を浴びるにいたった経緯を確認しておきたいと思います．この積分の研究に携わった人びとの名を列挙すると，ベルヌーイ兄弟，オイラー，ファニャノと続き，その次にガウスがいて，ガウスに近接してアーベルの名が念頭に浮かびます【図2-3】．

4. レムニスケート曲線とレムニスケート積分

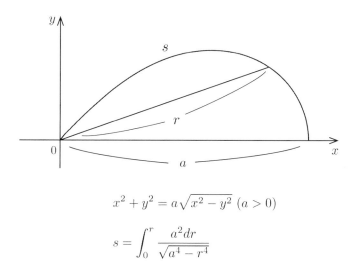

$$x^2 + y^2 = a\sqrt{x^2 - y^2} \ (a > 0)$$

$$s = \int_0^r \frac{a^2 dr}{\sqrt{a^4 - r^4}}$$

【図2-3】レムニスケート曲線とレムニスケート積分

ベルヌーイ兄弟に始まる

　ファニャノの言葉に触発されてレムニスケート積分の源泉に心が向くようになり，ベルヌーイ兄弟が遂行したことを確認したいと思うようになりました．ファニャノが指示するベルヌーイ兄弟の論文はいくつかあるのですが，みな『ライプチヒ論文集』に掲載されました．ライプチヒでオットー・メンクが創刊したドイツの最初の学術誌で，正式な誌名は "Acta cruditorum"（アクタ・エルディトールム，『学術論叢』）です．『ライプチヒ論文集』というのは創刊された場所の名にちなんだ略称です．

　レムニスケート積分の出現は西欧近代の数学史における一大事件ですが，当時の無限解析の全体の中で占める位置を観察しなければなりませんし，これを遂行すると非常に大掛かりな作業になります．一番たいへんなのはライ

第 2 章　代数関数論のはじまり

プニッツとベルヌーイ兄弟の往復書簡集の解読で，ゲルハルトが編纂した『ライプニッツ数学手稿』（全 7 巻）を参照すると，ヤコブ・ベルヌーイとライプニッツの間で交わされた書簡は 21 通，ヨハン・ベルヌーイとライプニッツの間では実に 275 通．全部で 296 通にもなります．この往復書簡の解読は無限解析の根幹を理解するためには不可欠ですので，いつの日か必ず遂行したいと思いますし，すでに少しずつ手がけているのですが，道は遠いです．

　世代が移り，オイラーもまたレムニスケート積分を取り上げましたが，オイラーのねらいはもはや「曲線の理解」ではなく，微分方程式の解法という広大な新世界を想定し，多種多様な微分方程式を解くことをめざしました．それゆえ，オイラーの積分論というのは微分方程式の解法理論そのもののことなのであり，その中で，たとえば $\dfrac{dx}{\sqrt{1-x^4}} + \dfrac{dy}{\sqrt{1-y^4}} = 0$ のような，楕円積分と関連する変数分離型の微分方程式を設定したところには師匠のヨハン・ベルヌーイの影響がはっきりと見て取れるように思います．解析学のテーマが移り行き，同じレムニスケート積分が異なる相貌をもって新たな世界に現れたのですが，数学にはこのような現象がしばしば見られます．

　このような次第ですので，ファニャノはあくまでも「曲線の理解」をめざしていたのですから，本当はオイラーではなくベルヌーイ兄弟に研究成果を見てもらうべきだったのではないかと思いますが，それはそれとしてオイラーは，異なる世界に所属するファニャノの思索の中に，当時まさに直面していた困難を打開するヒントを見出だしました．このあたりの消息を観察すると，数学の進歩とか発展ということの具体的な姿がありありと感知されるような思いがします．

レムニスケート積分をレムニスケート積分に移す変数変換

　ファニャノとオイラーの邂逅の場面について，かいつまんで要点のみを回想しておきたいと思います（ファニャノから送られてきた論文集をオイラーが見て学問上の衝撃を受けたことを指して「邂逅」と書きました．この二人が実際

4. レムニスケート曲線とレムニスケート積分

に会ったことがあるわけではありません）．まずイソクロナ・パラケントリカ
とレムニスケート曲線の関係を語るファニャノの言葉のことですが，これは
「レムニスケートを測定する方法　第 1 論文」という論文の冒頭に出ていま
す．該当箇所をそのまま引くと，次のとおりです．

　　二人の偉大な幾何学者，ベルヌーイ家のヤコブ氏とヨハン氏の兄弟
　　は，1694 年のライプチヒ論文集において見られるように，イソク
　　ロナ・パラケントリカを作図するためにレムニスケートの弧を利用
　　して，レムニスケートの名を高からしめた．レムニスケートよりも
　　いっそうかんたんな何かある他の曲線を媒介としてレムニスケート
　　を作図するとき，イソクロナ・パラケントリカのみならず，レムニ
　　スケートに依拠して作図することの可能な他の無数の曲線の，いっ
　　そう完全な作図が達成されることは明らかである．

　この時点でファニャノの念頭にあった数学的企図の姿はこれで明らかです
が，本文を読み進めて「定理 III」にいたると，一段とめざましい情景に出
会います．主張されていること自体は非常に素朴で，変化量 z から出発して，
等式

$$u = a \frac{\sqrt{a^2 - z^2}}{\sqrt{a^2 + z^2}} \qquad (*)$$

により新しい変化量 u を作ると，積分の形が変換されて，等式

$$\int_0^z \frac{a^2 dz}{\sqrt{a^4 - z^4}} = -\int_a^u \frac{a^2 du}{\sqrt{a^4 - u^4}} \qquad (**)$$

が成立するというのです．微分の計算を遂行すれば即座にわかることで，証
明というほどのこともないかんたんな事実ですが，レムニスケート積分がレ

143

第 2 章　代数関数論のはじまり

ムニスケート曲線の弧長を表すことに留意して，等式（**）を幾何学的な
視点から観察すれば，実におもしろい事実が見出だされます．レムニスケー
ト曲線の第 1 象限内の部分 (L) を考えて，二つの端点を O と A とします．
(L) 上に点 M を取り弦 OM の長さを z とし，上記の変換等式（*）を用い
て u を作り，(L) 上の点 N を，弦 $ON = u$ となるように定めます．この
とき，「定理 III」の積分等式（**）は，端点 O を始点にとって測定した弧
OM と，もうひとつの端点 A から測定した弧 AN の長さが等しいことを示
しています【図 2-4】．

　特に $u = z$ となる場合を考えて，方程式 $u = z$ から z を定めれば，曲線
(L) の 2 等分点の位置が指定されることになります．

　これはまったく驚くべき結果で，レムニスケート曲線の弧長測定を 2 次曲
線の弧長測定に還元するというファニャノの当初の目的をも凌駕しています
から，ファニャノ自身も驚いたであろうことは想像に難くありません．とこ
ろがオイラーの目には，ファニャノが見たものとはまったく異質の光景が映
じました．オイラーは積分等式（**）から積分記号を取り去って，微分等式

$$\frac{a^2 dz}{\sqrt{a^4 - z^4}} = -\frac{a^2 du}{\sqrt{a^4 - u^4}} \qquad (***)$$

を作り，ここから出発して変換等式（*）へと目を転じます．すると，等式
（*）は微分方程式（***）の積分を与えていることがわかります．試みに
$a = 1$ と取って等式（*）を書き下すと，

$$u^2 z^2 + u^2 + z^2 - 1 = 0 \qquad (****)$$

という方程式が得られますが，これは代数的な方程式ですから，微分方程式

$$\frac{dz}{\sqrt{1 - z^4}} = -\frac{du}{\sqrt{1 - u^4}}$$

144

4. レムニスケート曲線とレムニスケート積分

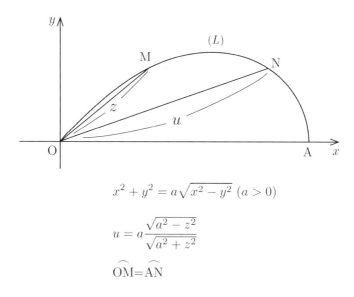

$$x^2 + y^2 = a\sqrt{x^2 - y^2} \ (a > 0)$$

$$u = a\frac{\sqrt{a^2 - z^2}}{\sqrt{a^2 + z^2}}$$

$$\overset{\frown}{OM} = \overset{\frown}{AN}$$

【図2-4】

の代数的積分です．これを言い換えると，ファニャノはこの微分方程式のひとつの代数的積分を発見したことになります．オイラーはそのようにファニャノの発見を受け止めました．

レムニスケート曲線の等分理論

　レムニスケート曲線の弧長の測定を2次曲線の弧長の測定に還元する方法というのは，ひとことで言えば，適当な変数変換式を見つけて，レムニスケート積分を2次曲線の弧長積分に変換することですから，肝心なのは，そのような変数変換を発見すること，それ自体です．ファニャノはこれに成功したのですが，この究明を通じて，レムニスケート積分の形を変えない変数

第 2 章　代数関数論のはじまり

【コラム】レムニスケート曲線の一般 2 等分方程式

イタリアの数学者ファニャノは，二つの変数 u と z が

$$\frac{u\sqrt{2}}{\sqrt{1-u^4}} = \frac{1}{z}\sqrt{1-\sqrt{1-z^4}} \qquad (*)$$

という関係で結ばれているとき，二つの微分式を結ぶ等式

$$\frac{dz}{\sqrt{1-z^4}} = \frac{2du}{\sqrt{1-u^4}} \qquad (**)$$

が成立することに気づきました．等式（$**$）を積分すると，

$$\int_0^z \frac{dz}{\sqrt{1-z^4}} = 2\int_0^u \frac{du}{\sqrt{1-u^4}} \qquad (***)$$

という等式が得られますが，これはレムニスケート曲線の弦 z が与えられたとき，等式（$*$）により u を定めれば，z に対応するレムニスケート曲線の弧長を 2 等分する点の位置が指定されることを示しています．それゆえ，等式（$*$）はレムニスケート曲線の一般弧の 2 等分方程式で，これを u に関して解くと，

$$u = \sqrt{\frac{1-\sqrt{1-z^2}}{1+\sqrt{1+z^2}}}$$

という表示が得られます【図 2−5】．

4. レムニスケート曲線とレムニスケート積分

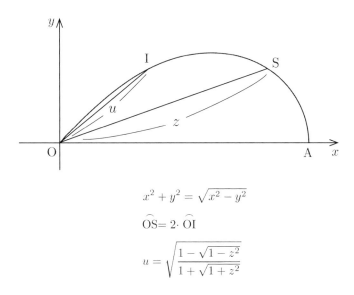

$$x^2 + y^2 = \sqrt{x^2 - y^2}$$

$$\overparen{OS} = 2 \cdot \overparen{OI}$$

$$u = \sqrt{\frac{1 - \sqrt{1 - z^2}}{1 + \sqrt{1 + z^2}}}$$

【図 2-5】レムニスケート曲線の 2 等分

変換,すなわち「レムニスケート積分を同じくレムニスケート積分に変える変数変換式」もまた見つかりました.この思いがけない発見はレムニスケート積分の新たな研究領域を開き,ファニャノはみずからの発見に導かれてさらに踏み込んでいきました.

一例を挙げると,続く論文「レムニスケートを測定する方法 第 2 論文」の「定理 V」では,

$$\frac{u\sqrt{2}}{\sqrt{1-u^4}} = \frac{\sqrt{1-\sqrt{1-z^4}}}{z} \quad (*)$$

という変数変換が報告されています.この変換を遂行すると,等式

第 2 章　代数関数論のはじまり

$$\frac{dz}{\sqrt{1-z^4}} = \frac{2du}{\sqrt{1-u^4}} \qquad (**)$$

が成立するというのが「定理 V」の主張ですが, この等式は微分式の間の等式, すなわち微分等式です. 両辺を積分すれば, 左辺の積分はレムニスケート積分であり, 右辺はレムニスケート積分の 2 倍になります. これを幾何学的に言い表せば, レムニスケート曲線の弧長を 2 倍にする方法が見出されたことになり, 実におもしろい発見です. ファニャノはこんなふうにして歩を進め, レムニスケート曲線の第 1 象限内の全弧を 3 倍化する方法と 5 倍化する方法を見つけました. この道筋を逆向きにたどれば, 2 等分, 3 等分, 5 等分する方法が見出されたことになります.

　円周等分のことでしたら, すでに古いギリシア時代のユークリッドの著作と伝えられる『原論』で取り上げられていて, 2 等分, 3 等分, 5 等分の方法が知られていました. もっともユークリッドの関心事は正多角形の作図だったのですが, 円周の 3 等分, 5 等分ができれば, 等分点を線分で結んでいくことにより正 3 角形, 正 5 角形が描かれますから, 円周等分の問題は正多角形の作図問題と同じことになります. また, 円周の等分点を指定するには円周等分方程式を解くことが要請されますから, 円周等分方程式の解法理論とも連繫しています. ファニャノはユークリッドの『原論』からこのかたおよそ 2000 年の歳月の後に, レムニスケート曲線についても円周に対するのと同じ等分理論が成立することを発見したことになります.

歴史的主観について

　既述のように, ファニャノが発見したレムニスケート積分の変換理論は, オイラーの目には微分方程式の積分の理論と映じました. オイラーはこれによって行き詰まりの打開に成功し, 2 篇の論文

4. レムニスケート曲線とレムニスケート積分

「微分方程式 $\dfrac{mdx}{\sqrt{1-x^4}} = \dfrac{ndy}{\sqrt{1-y^4}}$ の積分について」([E251]，1761 年)

「求長不能曲線の弧の比較に関するさまざまな観察」([E252]，1761 年)

を執筆して微分方程式の解法理論を推し進めていきました．

　レムニスケート積分を 2 次曲線の弧長積分に変換したいというのが，ファニャノの研究を誘った当初のねらいだったのですが，この探索の中から，レムニスケート積分を同じレムニスケート積分に変える変数変換式が見つかりました．この発見の幾何学的な意味合いを追い求めると，レムニスケート曲線の等分理論への道が開かれたのですが，オイラーは等分理論の方向には関心を寄せず，ファニャノの発見を微分方程式の解法理論の方面から理解しました．同じ事実であっても見る人が異なれば諒解の様式もまたおのずと異なるということですが，数学にはこんなことがよく起ります．解釈の仕方が異なるというのともちょっと違います．ファニャノには等分理論のように見え，オイラーには微分方程式論のように見えたということで，ファニャノにとってもオイラーにとってもそれぞれそのように見るのがあたりまえで，別の諒解様式がありうるとは思いもよらないことだったのではないでしょうか．

　数学の進歩というか，変遷のプロセスを理解するうえで肝心なのはこのあたりの消息で，「だれ」が「何」を「どのように」思うのかという，その人のみに固有の主観の極北において，数学の姿形は大きな変容を重ねます．ただし，ここでまた急いで言い添えなければならないのですが，ファニャノが等分理論に着目したのはファニャノひとりの思いつきというのではなく，ファニャノの念頭にユークリッドの『原論』があったのはまちがいありません．ファニャノは『原論』に出ている正 3 角形と正 5 角形の作図問題を知っていましたし，それは円周を 3 等分もしくは 5 等分することと同等であることも当然のことながら認識していました．『原論』はファニャノの時代からさかのぼると 2000 年も前の作品ですが（正確に何年前と断言することはできません），脈々と読み継がれてファニャノにいたり，レムニスケート曲線の

第2章　代数関数論のはじまり

等分というファニャノの思索を誘ったと見るべきところです.

　オイラーについてはどうかといえば，オイラーは数学の師匠のヨハン・ベルヌーイに学んだ無限解析の流れに心身を置き，微分方程式の解法理論という領域の開拓に向けて腐心していたのでした. その真っ只中でファニャノの発見に遭遇したのですから，それがオイラーの目に微分方程式のひとつの積分を教えていると見えたのは当然のことで，オイラーの主観の働きをうながして微分方程式へと向わせたのは歴史の力です. 歴史の流れの中で打ち出された主観的なアイデアは単なる思いつきではなく，前述のように「歴史的主観」と呼ぶのが相応しいと思います. 歴史的主観はそれ自体が歴史に寄与し，新たな歴史を生み出す力を備えています. 歴史の生成は継承者の出現と同じことで，オイラーにはラグランジュがいましたし，ファニャノはガウスとアーベルという強力な後継者に恵まれました.

ファニャノの等分方程式

　ところで，ファニャノの発見にはもうひとつの側面があります. それは代数方程式論です. ファニャノが発見した変数変換式は代数方程式ですから，レムニスケート曲線の3等分点や5等分点を具体的に指定しようとすると，そのつどしかるべき代数方程式を解かなければならないことになりますが，ファニャノはそれを正確に認識していました. ファニャノは原点と等分点のひとつを結ぶ線分（弦）の長さ z の満たす方程式を考えるのですが，3等分の場合，$b(= z^4)$ は2次方程式を満たします. z に関しては8次の方程式ですが，これはかんたんに書き下すことができて，平方根を開くだけですぐに解けます.

　5等分の場合は少々複雑で，$b(= z^4)$ が満たす方程式は8次になります. z に関して32次の方程式です. ファニャノは指針を略記しただけで，実際にはその方程式を書き下してはいません. 次に挙げるのはその弁明です.

150

4. レムニスケート曲線とレムニスケート積分

その計算は，熟達した解析学者たちには周知の簡易化の手法をなお
ざりにさえしなければ，困難というよりむしろ冗長である．それゆ
え，それをこの論文に書く必要はないと私は思う．

ファニャノは5等分方程式の代数的可解性を確信していたようですし，し
かも「代数的に」等分可能であるという認識をはっきりと表明しているので
すから，根を表示するのに平方根のみを用いれば十分であることを実際に確
認したと見てまちがいないと思います．ただし，明々白々ですぐにわかると
いうわけでもなく，ファニャノ自身がいうように冗長な作業です．

ガウスの円周等分方程式の根は等分点を表す複素数そのものですが，ファ
ニャノの等分方程式の根は弦の長さですから，少し様子が違います．それで
もレムニスケート曲線の3等分と5等分を実行したのは本当で，おもしろい
発見です．オイラーが等分理論に関心を寄せた形跡はありませんが，半世紀
ほど後になってガウスとアーベルはレムニスケート曲線ばかりか，一般に楕
円関数の等分理論に着目しました．二人ともファニャノの発見を知らなかっ
たとは思えないのですが，なぜかしらファニャノに言及する言葉は見あたり
ません．

ジュリオ・ファニャノ

ファニャノは1682年12月6日，イタリア中部の町シニガリアに生れまし
た．数学はもっぱら独学で学んだようですが，ライプニッツやベルヌーイ兄
弟の論文に思索の手がかりを求めたのでしょう．1750年，68歳のとき全2
巻の『数学論文集』を刊行し，翌1751年になってベルリンのオイラーのも
とにも届きました．1707年の生れのオイラーはファニャノよりだいぶ若く，
このとき44歳でした．

ファニャノはレムニスケート曲線の第1象限内の部分，すなわち4分の1
部分を「定規とコンパス」のみを使って3等分および5等分することに成功

第 2 章　代数関数論のはじまり

しましたが，もうひとつ，（4 分の 1 部分ではなく）任意の弧の 2 等分にも成
功しました．これにより，n が

2×2^m または 3×2^m または 5×2^m（m は任意の自然数．$m = 0$ も含む）

という形のときはつねに，レムニスケート曲線の 4 分の 1 部分の n 等分が
できることになります．

　このような状勢を受けてオイラーが着目したのは，任意の弧の 2 等分でし
た．オイラーは 4 分の 1 部分の等分には関心を示しませんでしたが，任意の
弧の 2 等分には触発されたようで，さらに推し進めてめざましい事実を発見
しました．それは「レムニスケート積分の加法定理」です．

レムニスケート積分の加法定理

　オイラーが発見したレムニスケート積分の加法定理について結果だけを書
いておくと，二つのレムニスケート積分を加えるとやはりレムニスケート積
分が出現し，次の積分等式が成立するというのが加法定理の中味です．

$$\int_0^z \frac{dz}{\sqrt{1-z^4}} + \int_0^u \frac{du}{\sqrt{1-u^4}} = \int_0^c \frac{dc}{\sqrt{1-c^4}} \qquad (*)$$

　ここで肝心なのは三つの積分の上限 z, u, c の間に成立する関係です．そ
れは，

$$u^2 + z^2 + c^2 u^2 z^2 = c^2 + 2uz\sqrt{1-c^4} \qquad (**)$$

という代数的等式です．

　オイラーがどのような経路をたどってこの等式を発見したのかというと，
オイラーがめざしたのは，

$$\frac{dz}{\sqrt{1-z^4}} + \frac{du}{\sqrt{1-u^4}} = 0 \qquad (***)$$

152

4. レムニスケート曲線とレムニスケート積分

という形の変数分離型の微分方程式の解法で，その一般解は上記の方程式
（＊＊）で与えられるというのがオイラーの発見でした．この方程式（＊＊）は
代数的な方程式ですから，代数的積分と呼ばれます．この場合，c は積分定
数と呼ばれる定数ですが，微分方程式（＊＊＊）に出ている二つの微分式に積
分記号をつけると，K は定数として，

$$\int_0^z \frac{dz}{\sqrt{1-z^4}} + \int_0^u \frac{du}{\sqrt{1-u^4}} = K \qquad (****)$$

という等式が得られます．問題は定数 K（これも積分定数と呼ぶのが相応し
いと思います）の形ですが，代数的積分（＊＊）によれば $z = 0$ のとき $u = c$
となりますから，

$$K = \int_0^c \frac{dc}{\sqrt{1-c^4}}$$

という形であることがわかります．

　このような形の加法定理は円積分の場合には以前から知られていました．
それは，

$$\frac{dz}{\sqrt{1-z^2}} + \frac{du}{\sqrt{1-u^2}} = 0$$

という形の微分方程式の積分のことなのですが，この微分方程式は代数的に
積分可能で，一般解は，c を積分定数として，

$$z\sqrt{1-u^2} + u\sqrt{1-z^2} = c$$

という形になります（104 - 105 頁参照）．積分記号をつけると

$$\int_0^z \frac{dz}{\sqrt{1-z^2}} + \int_0^u \frac{du}{\sqrt{1-u^2}} = K$$

153

第 2 章　代数関数論のはじまり

となりますが，$z = 0$ と置けば $u = c$ となることから，K もまた円積分 $\int_0^c \dfrac{dc}{\sqrt{1-c^2}}$ の形に表示されることがわかります．

　円積分の逆関数に移ると，

$$\alpha = \int_0^z \frac{dz}{\sqrt{1-z^2}},\ \beta = \int_0^u \frac{du}{\sqrt{1-u^2}},\ \gamma = \int_0^c \frac{dc}{\sqrt{1-c^2}}$$

と置くとき，

$$z = \sin\alpha,\ u = \sin\beta,\ c = \sin\gamma$$

となり，α と β と γ の間には $\alpha + \beta = \gamma$ という関係が成り立っていますから，正弦を作って，$\sin(\alpha + \beta) = \sin\gamma$．よって，

$$\begin{aligned}
\sin(\alpha + \beta) = c &= z\sqrt{1-u^2} + \sqrt{1-z^2}\cdot u \\
&= \sin\alpha\sqrt{1-\sin^2\beta} + \sqrt{1-\sin^2\alpha}\cdot\sin\beta \\
&= \sin\alpha\cos\beta + \cos\alpha\sin\beta
\end{aligned}$$

となりますが，これは周知の三角関数の加法定理にほかなりません．

　レムニスケート積分の逆関数，すなわちレムニスケート関数に移行すれば，「レムニスケート関数の加法定理」が得られます．

　オイラーはたしかにおもしろい数学的事実を発見したのですが，オイラーの視線はあくまでも微分方程式に向けられていて，等分方程式の代数的可解性に関心を寄せた気配は見られません．ファニャノの目にレムニスケート曲線の等分理論と映じたものが，オイラーの目には微分方程式の解法理論と見えたのですが，見る人が変れば景色もまたこんなふうに一変します．数学は人が創造する学問であることがよくわかります．

レムニスケート積分とレムニスケート関数

　ファニャノに触発されてオイラーが発見したのは「レムニスケート積分に

154

4. レムニスケート曲線とレムニスケート積分

対する加法定理」であり,「レムニスケート関数に対する加法定理」ではありません. 逆関数に移ればレムニスケート関数の加法定理になるのですから,どちらもオイラーの発見と見てよさそうにも思われますが,逆関数の考察はオイラーには見られません. オイラーは三角関数も円積分も知っていましたし,円積分の逆関数が三角関数であること,円積分そのものはいわゆる逆三角関数であることも,当然のことながら承知していました. それなら同じアイデアを延長してレムニスケート積分の逆関数を考えてもよさそうに思われるところですが,そうはなりませんでした.

この理由を考えてみると,まずはじめに想定されるのは,オイラーの関心の向う先はどこまでも微分方程式だったという一事です. 微分方程式を解こうとする以上,一般的な代数的積分が見出だされたならそれで十分で,加法定理は一般解に含まれる積分定数の形を確定しようとして遭遇したおもしろいエピソードの域にとどまったのでしょう.

もうひとつの原因として念頭に浮かぶのは,逆関数を考えるというとき,その逆関数というのはどのような意味合いにおいて関数でありうるのかという状勢認識に際して,ある種の壁に直面したのではないかということです. 今日では,抽象的な1価対応でありさえすれば何でもみな関数の仲間に入れてしまうという習慣が成立していますから,逆関数への移行など,なんでもないことですが,オイラーの心情を忖度すると,レムニスケート積分ははたして解析的表示式(第1番目の関数)なのかどうか,必ずしも確信がもてません. 第2,第3の関数ということであれば,逆関数の認識は即座に可能ですが,オイラーはこれらの関数の概念を認識していたものの,それらを取り扱う力のある無限解析を開発したとは言えませんから,安直に逆関数を考えることはできなかったのではないかと思います. 円積分と三角関数の関係を見れば,レムニスケート積分に対応する何らかの関数の存在を感知したであろうとは容易に推定されるところですが,その何物かを「関数」の名をもって呼ぼうとすると,観念的に考えてみるとき,巨大な溝を跳躍することを強

第2章 代数関数論のはじまり

いられるのではないでしょうか.

　別の方面から考えてみると,オイラーにはレムニスケート積分の等分理論への関心がなく,そのために逆関数を考える必要がなかったのではないかという推定も可能です.三角関数との類推でレムニスケート関数が考えられるといっても,そこに数学的な動機が認められなければ,わざわざ踏み込んでいく理由はありません.ファニャノの場合でしたら,ファニャノはあくまでもレムニスケート曲線の等分に関心を寄せたのですから,心情としては幾何学的であり,逆関数への移行の契機はありません.ファニャノにはレムニスケート積分の加法定理という視点もありません.ただし,等分方程式という,新しいタイプの代数方程式への関心は芽生えています.

　レムニスケート積分を楕円積分の一例と見ると,ファニャノとオイラーの成果には,次に挙げる三つの思索の可能性が秘められているように思われます.

（1）アーベル積分の加法定理:後年,アーベルはこれを追い求め,「アーベルの定理」を発見しました.1826年秋,パリ滞在中に書いた「パリの論文」のテーマです.

（2）第1種楕円積分の逆関数の等分理論:これもアーベルが十分に展開しました.アーベルの長篇「楕円関数研究」に書かれています.

（3）等分方程式の代数的可解性:第1種楕円積分の逆関数を対象にして等分理論を構築すると,等分方程式が得られますが,一般的に言うと,これは代数的に解けるとは言えません.アーベルはそれを指摘し,そのうえで代数的可解条件を求めようとしました.ここを追求していくと「虚数乗法論」になるのですが,その一番はじめの情景が描かれたのはアーベルの論文「楕円関数研究」でした.

156

4. レムニスケート曲線とレムニスケート積分

（2）と（3）については，ガウスの円周等分方程式論が大きな影響を及ぼしています．（1）の「アーベルの定理」には，ガウスではなく，オイラーの影響が感知されます．

客観的認識は創造を生まない

論理的な視点から観察すると同じに見えても，見る人が変れば異なる景観が現れるという現象は，数学ではひんぱんに起ります．たとえば，フェルマは「$4n+1$ という形の素数は二つの平方数の和の形にただひととおりの仕方で表示される」という「直角三角形の基本定理」を発見しましたが，これはだいぶ後になってガウスが発見した「平方剰余相互法則の第 1 補充法則」と論理的に見ると同等です．論理的に同等な二つの命題は「本質的に同じ」と見る見方が定着しているのではないかと思いますが，この観点に立つと，平方剰余相互法則の第 1 補充法則の第 1 発見者はフェルマであることになります．

二つの命題が論理的に同等というのは，一方を仮定すると他方が導出されるということですが，平方剰余相互法則の場合でいいますと，ガウスははじめ第 1 補充法則に出会い，それからただちに平方剰余相互法則の本体と第 2 補充法則も発見しました．証明にも成功し，高次冪剰余相互法則への道も開きました．その延長線上に類体論が建設されたのですから，第 1 補充法則と直角三角形の基本定理を同等と見るのであれば，類体論の源泉はフェルマにさかのぼることになりますし，実際にそのような所見を目にしたこともあります．

ではありますが，フェルマにしてみれば関心はあくまでも「数の性質」であり，素数を $4n+1$ 型と $4n+3$ 型に大きく二分して，その後に $4n+1$ 型の素数に特有のひとつのめざましい性質を抽出したところに，フェルマの発見の喜びがありました．ルジャンドルの視点はこれとは違い，p は素数として 2 次不定方程式

第 2 章　代数関数論のはじまり

$$x^2 + y^2 = p$$

を考えるとき,「p が $4n+1$ 型であること」というのは, この不定方程式
が解をもつための条件であるというのでした.

　ところがガウスになるとさらにまた一段と特異な視点が打ち出されました.
ガウスの心には当初から合同式の世界が広がっていたようで, p は素数とす
るとき, 合同式

$$x^2 \equiv -1 \ (\mathrm{mod}.p)$$

は「p が $4n+1$ 型の素数のとき解をもつ」というのがガウスの発見でした.
数論の世界に合同式という舞台を設定したガウスの営為はあまりにも異様で,
このこと自体に深遠なものが感じられるほどですが, それはしばらく措くと
して, 同じひとつの数学的事実が少なくとも 3 通りの異なる側面を備えてい
るということに, ここであらためて注意を喚起しておきたいと思います. 数
学のひとつひとつの事実は諒解様式がただひとつしかないという簡単明瞭な
場合ももちろんありますが, 非常に複雑な多面性を備えていることも多く,
数学の魅力の根源を作っています.

　だれかがある事実を発見したとして, のちの人がいろいろな解釈を提出し
て, あれはこのように理解するのが本当だと主張することがあり, しかもい
ろいろな主張が次々と提示されることさえあります. ああも言えればこうも
言えるという状況が現出するのですが, このようなとき, よく「本質はひと
つだ」という声がかかります. ではありますが, そのように言う場合の本質
というのはあくまでも論理的本質のことであり, 個々の数学者の心情とは無
縁です.「直角三角形の基本定理」と「2 次不定方程式 $x^2 + y^2 = p$ の可解
条件の提示」と「2 次合同式 $x^2 \equiv -1 \ (\mathrm{mod}.p)$ の可解条件」は, フェルマ,
ルジャンドル, ガウスのそれぞれに固有の数学的情緒から生れたのですから,
ぼくらの目に映じる光景は全然違います. ダイアモンドと黒鉛はいずれも炭

158

4. レムニスケート曲線とレムニスケート積分

素 C の同素体で，結晶構造が異なるのですが，上述したような「論理的本質」もしくは「知的本質」というのは，結晶構造の差異を無視してダイアモンドと黒鉛は「本質が同じ」という主張と同じような響きがあります．

　光そのものには色という属性はなく，さまざまな波長を感知するわれわれの目の働きが，波長の差異を色彩の差異として知覚するのだとニュートンの光学は教えています．これにたとえると，フェルマとルジャンドルとガウスの目には同じ波長が異なる色彩に映じたということになるのでしょうか．認識上の判断はそれでもさしつかえませんが，ここには重大な問題が現れています．それは，**客観的認識は創造を生まない**という一事です．

見るものと見られるもの

　「直角三角形の基本定理」を発見したフェルマは，この発見を糸口にして，素数の形状理論の可能性を示すいくつかの命題を見出だしましたが，オイラーとラグランジュはフェルマを継承して実際に「素数の形状理論」を構築することに成功しました．ルジャンドルは「直角三角形の基本定理」を 2 次不定方程式の可解条件と見る視点を提示しました．この視点変換は景観を一変するというほどの大転換ではありませんが，これによって不定方程式論の守備範囲は一挙に拡大されました．ガウスはといえば，上述のように平方剰余相互法則の第 1 補充法則という形で直角三角形の基本定理と（論理的に見て）同等の命題を発見しましたが，この発見から 100 年あまりののちに，類体論という大きな果実が実りました．

　17 世紀前半のフェルマの時代から類体論が建設された 20 世紀初頭まで，おおよそ 300 年の間に数論の領域でこのような状勢が進展しました．論理的に見る限り，素数の形状理論と類体論は同一の泉から流れ出たと言えますが，顧みて思うのは，直角三角形の基本定理から出発するのでは類体論は決して生れなかったであろうということです．たとえば，直角三角形の基本定理には高次冪剰余相互法則の契機が見あたりません．逆に，もし直角三角形の基

第 2 章　代数関数論のはじまり

【コラム】素数の形状理論

　直角三角形の基本定理は，「4 で割ると 1 が余る奇素数」は二つの平方数の和の形に表されることを主張しています．「4 で割ると 1 が余る奇素数」は $4n+1$ という 1 次式の形に表されますが，それが「二つの平方数の和」の形になるというのですから，x^2+y^2 という 2 次式の形に表示されることになります．前者を奇素数の線型的形状，後者を平方的形状と呼ぶことにすると，$4n+1$ という線形的形状をもつ奇素数と x^2+y^2 という平方的形状をもつ奇素数は全体として一致することを，直角三角形の基本定理は教えています．

　フェルマは直角三角形の基本定理をこのように理解し，いくつもの類似の命題を発見しました．三つほど事例を挙げておきます．

（1）$6n+1$ という形のあらゆる素数は y^2+3z^2 という形である．
（2）$8n+1$ という形のあらゆる素数は y^2+2z^2 という形である．
（3）$8n+3$ という形のあらゆる素数は y^2+2z^2 という形である．

　オイラーとラグランジュはこの路線を推し進めて，大きな理論を構築しました．それを本書では「素数の形状理論」と呼びました．

本定理より先に平方剰余相互法則の第 1 補充法則が見つかっていたとしても，そこから素数の形状理論が取り出される可能性はありません．

　素数の形状理論と冪剰余の理論は，それぞれの理論のめざすところに着目すれば，全然別の理論であることがだれにも諒解されるのではないかと思います．直角三角形の基本定理と平方剰余相互法則の第 1 補充法則は二つの理論のそれぞれの断片なのであり，それがたまたま論理的に見て合致したから

4. レムニスケート曲線とレムニスケート積分

といって，二つの理論が別個であることと相容れないわけではありません．色彩論にたとえを借りるなら，フェルマとガウスの目には同じ波長の光が別々の色に映じたということになります．ニュートンの光学に矛盾するたとえ話ですが，個々の人の目に映じた固有の色彩こそ，数学的創造の真の道標であることを，ここで再度強調しておきたいと思います．

　直角三角形の基本定理と平方剰余相互法則の第1補充法則は見た目にも無関係の命題ですが，実は同等なのだということを指摘するのは，それはそれとして意外な事実でもありますし，つまらないわけではありません．ですが，それは認識のおもしろさにとどまり，そのような認識から何かしら生れるものがあるかと問われたならば，ない，と言下に答えたいと思います．数学はどこまでも「人」が創造する学問なのであり，まさしくこの一点において自然諸科学とは異なっていることを，ここで取り上げた事例はよく示しています．

　ファニャノとオイラーの邂逅の現場でも同じ現象が生起したと言いたいところですが，それはファニャノに対してはあまりにも過大な評価になってしまい，身びいきのしすぎのような感じもあります．ファニャノの発見は実に興味が深く，何かしら未知の世界の扉を開けたのはまちがいありませんが，ファニャノ自身は自分の発見のおもしろさをみずから鑑賞するだけにとどまって，扉の奥に開かれている広大な世界の存在を感知することはありませんでした．

　オイラーはファニャノと違い，ファニャノの小さな発見が新世界の扉を開く鍵であることを明瞭に察知しました．ただし，さすがのオイラーも新世界の全容をたちまち視圏にとらえたというところまではいかなかったようで，ある特別な形の変数分離型微分方程式の解法理論という，それなりに大きな鉱脈を掘り当てるところまで進み，楕円積分の加法定理を把握することができました．それでもなお全容を把握したとは言えないのは，もうひとつの巨大な鉱脈に無頓着だったからです．それは楕円積分の等分理論です．オイ

第 2 章　代数関数論のはじまり

ラーは加法定理を発見したほどですから，等分理論に気づかなかったわけで
はないのですが，深遠な関心を払った様子も見受けられません．オイラーの
目にはオイラーに固有の色彩を感知する力が宿り，微分方程式論の描き出す
光景だけがどこまでも広がっていたのでしょう．

アーベル積分の加法定理

　レムニスケート積分の加法定理のその後の成り行きについて，かいつまん
で報告しておきたいと思います．レムニスケート積分は楕円積分で，当然，
アーベル積分の仲間であり，そのレムニスケート積分に対して加法定理が成
立するというのがオイラーの発見でした．

　オイラー以降，加法定理に着目したのはアーベルでした．アーベルは
1826 年の後半の半年ほどパリに滞在し，「パリの論文」と呼ばれることにな
る大きな論文を執筆し，科学アカデミーに提出しました．科学アカデミーの
評価を期待したのですが，よく知られているように，科学アカデミーではだ
れもまじめに審査しないまま放置されてしまいました．この「パリの論文」
のテーマが加法定理で，アーベルは完全に一般的なアーベル積分を対象にし
て加法定理を発見し，証明したのでした．

　「パリの論文」は行方不明になりましたが，2 年後の 1828 年，アーベルは
「ある種の超越関数の二，三の一般的性質に関する諸注意」（以下，「諸注意」
と略称）という論文を書き，超楕円積分を対象とする加法定理を示しました．
これはクレルレが創刊した数学誌『純粋数学と応用数学のためのジャーナ
ル』（以下，『クレルレの数学誌』と略称）に掲載されましたが，そこにアーベ
ルが脚註を附して，「パリの論文」を執筆してパリの科学アカデミーに提出
したことを明記したところ，ヤコビがそれを見て「パリの論文」の存在を知
り，ルジャンドル宛の手紙の中で指摘するという一幕がありました．

　パリの科学アカデミーに論文を提出して放置されたという出来事でしたら
ガロアも体験しましたが，ガロアは短い人生の最後になって，人を評価する

162

4. レムニスケート曲線とレムニスケート積分

のは組織ではなくて人であることに気づき，ガウスかヤコビに自分の研究を見てもらいたいと願うようになりました．アーベルは特定の人を指名したわけではありませんが，「アーベルの加法定理」の真価を理解することのできる人はガウスとヤコビを措いてほかになく，この点はガロアと同じです．ガウスは積極的に人をほめるというタイプの人ではありませんから（アイゼンシュタインのようにガウスから極端に高い評価を受けた人もいますが，例外中の例外です），アーベルを理解できるのはヤコビひとりになりますが，事態は実際にそのように進展し，ヤコビは 1828 年のアーベルの論文「諸注意」と脚註の数語を目にしただけで，「パリの論文」の内容を推察しました．ヤコビはルジャンドルへの書簡の中で，アーベルの加法定理はオイラーの加法定理のみごとな一般化であることを説明したのですが，アーベルの定理に宿る深遠な意義を洞察したことがありありと感知されます．ヤコビの名を冠する「ヤコビの逆問題」もまた，アーベルの加法定理を見るヤコビの目の働きの中から生れました．

アーベルは 1829 年 4 月 6 日に結核のため 26 歳の若さで亡くなりましたが，最後にもう一度「パリの論文」に立ち返り，証明は抜いてアーベル積分の加法定理だけを書き留めるという主旨の短い論文を書きました．『クレルレの数学誌』に掲載されたとき，わずか 2 頁を占めただけというほどの短篇でしたので，高木貞治先生は著作『近世数学史談』の中で「2 頁の大論文」と呼びました．

第 1 種楕円積分の逆関数

第 1 種楕円積分の逆関数を楕円関数と呼ぶのが今日の流儀ですが，この呼称を一番はじめに提案したのはヤコビでした．レムニスケート積分は第 1 種楕円積分の仲間ですから逆関数が定まり，レムニスケート関数と呼ばれます．レムニスケート積分の等分理論をそのまま幾何学的に諒解すると，レムニスケート曲線の等分理論，すなわち等分点を指定する方法を教える理論にほか

第 2 章 代数関数論のはじまり

ならず，ファニャノが発見したのも，ファニャノ自身の心情に沿う限りレムニスケート曲線の等分の方法でした．これを微積分の視点から観察すると，ファニャノの発見の根幹を作るのはレムニスケート積分の加法定理であり，逆関数の言葉で言えば，レムニスケート関数の加法定理です．レムニスケート関数の加法定理から倍角の公式が導かれますが，そこから取り出されるのが等分方程式と呼ばれる代数方程式です．

　ここまで諒解の範囲を広げておけば，一般に楕円関数の等分理論が成立しそうに思えますが，これを実際に遂行したのがアーベルでした．アーベルは楕円関数の加法定理を確立し，倍角の公式を導き，それを梃子にして一般等分方程式と周期等分方程式を書き下し，そのうえでそれらの等分方程式の代数的可解性を論じました．詳細は 1827 年と 1828 年に 2 回にわたって『クレルレの数学誌』に掲載された論文「楕円関数研究」に記述されましたが，この論文はたいへんな傑作で，語り始めるといつまでも尽きそうにありません．

　楕円関数の等分方程式は一般的にいうと代数的に可解ではないのですが，アーベルは「楕円関数研究」を執筆したころにはすでに「不可能の証明」をもっていて，次数が 5 以上の代数方程式には根の公式が存在しないことを承知していました．あるいはむしろ，楕円関数の等分方程式を書き下すと大量の高次方程式が手に入り，考察の手がかりには事欠かない状況が現れるのですから，楕円関数の研究と代数方程式の研究は平行して進展したと見るほうがよいと思います．

　そこで素朴な疑問が念頭に浮かぶのですが，アーベルはどうしてそのように思索することができたのでしょうか．ファニャノが関心を寄せたのはレムニスケート曲線の等分でしたし，オイラーは等分方程式の代数的可解性には心を向けませんでした．アーベルはまったく独自に思索したとも考えられないことはありませんが，ここにもうひとり，ファニャノ，オイラーとアーベルの間に位置して，アーベルに深遠な影響を及ぼした人物がいます．それがガウスでした．

164

4. レムニスケート曲線とレムニスケート積分

円周等分方程式論の回想

　ガウスの円周等分方程式論の中味をここでもう一度回想したいと思います．かんたんなこともむずかしいことも合わせて，ガウスが明らかにした事柄は次のとおりです．

（1）円周等分方程式の根は基本周期 $2\pi\sqrt{-1}$ をもつ複素指数関数 $f(z) = e^z$ の周期等分値である．（基本周期の n 等分を考えることにして，$\omega = \dfrac{2\pi\sqrt{-1}}{n}$ と置くと，関数 $f(z) = e^z$ の周期 n 等分値は $e^{k\omega}$ $(k = 0, 1, \ldots, n-1)$ で表されます．この認識の根底にはオイラーの公式 $e^{\theta\sqrt{-1}} = \cos\theta + \sqrt{-1}\sin\theta$ が横たわっています．）

（2）円周を等分することと正多角形を作図することは同等である．（言うまでもないことではありますが，この認識により，正多角形の作図という古くからの問題が，円周等分方程式という代数方程式を解く問題に還元されました．デカルトのアイデアがここに生きています．）

（3）円周等分方程式は代数的に可解である．（代数方程式の代数的可解性を左右するのは「諸根の相互関係」です．この認識のもとに，ガウスは，円周等分方程式は「巡回方程式」であることを具体的に示し，代数的可解性を証明しました．）

（4）n はフェルマ素数，すなわち $2^{2^k} + 1$ $(k = 0, 1, 2, \cdots)$ という形の素数とするとき，円周の n 等分方程式は平方根のみを用いて解くことができる．言い換えると，フェルマ素数 n に対し，正 n 角形を定規とコンパスのみを用いて作図することができる．（逆に，このような現象が見られるのは n がフェルマ素数の場合に限定されます．ガウスはそれを明記していますが，証明は与えていません．）

　実際にはガウスの円周等分方程式論の成果はこれだけではありませんし，

165

第 2 章　代数関数論のはじまり

ガウスが真にめざしたことも実は数論にあるのですが，アーベルの手に継承されたことという観点から見ると上記の四つで尽くされています．アーベルは楕円関数の等分方程式を考えるのですが，その根は楕円関数の等分値です．楕円関数は変数の範囲を複素数域に拡大して考えられていて，その場合，2重周期をもちますから，n は素数として n 等分方程式を作ると，その次数は n^2 になります．このあたりは円周等分と大きく異なるところで，ガウスはよく承知していましたが，アーベルもまた正しく認識しました．

　一般的に考えると楕円関数の等分は幾何学的な解釈とは無関係ですが，レムニスケート関数については，その等分方程式の解法はレムニスケート曲線の等分と連繋します．

　楕円関数の周期等分方程式は一般に代数的に可解ではありません．アーベルはこれも正確に認識し，そのうえで代数的可解条件を求めようとする方向に踏み出していきました．ここも円周等分との分れ道で，楕円関数に独自の現象です．楕円関数の周期等分方程式が代数的に解ける場合を考えると，その方程式の諸根の間には非常に特異な相互関係が認められます．アーベルはそれを抽出し，代数的に解ける方程式の作るある特別の範疇を切り取りました．後年，クロネッカーにより**アーベル方程式**と名づけられましたが，それは一般化された巡回方程式ともいうべきタイプの方程式です．このあたりの認識の姿にはガウスの影響がありありと看取されます．

　特に，n がフェルマ素数のとき，レムニスケート関数の周期 n 等分方程式は代数的に可解です．したがってレムニスケート曲線の等分に対して，円周等分とまったく同じ状勢が認められることになります（たとえば 17 等分が可能です）．かつてファニャノが発見した断片的な事実の背景にあるものが，これですっかり明るみに出されました．

数論と円周等分方程式論

　オイラーとファニャノとの出会いの場に生起した数学的情景を回想し，続

4. レムニスケート曲線とレムニスケート積分

いて楕円積分論もしくは楕円関数論のさまざまな側面を目にしてきました．視点の設定の仕方に応じて，この理論からは，オイラー積分という名の積分の定値の算出法，楕円型微分方程式の解法理論，楕円積分の加法定理等々，多種多様な光景が眼前に描き出されます．等分理論を考えれば，等分方程式という名の大量の代数方程式が供給され，それらの代数的可解性の究明を通じて代数方程式論に新展開がもたらされました．楕円積分論もしくは楕円関数論とは何かと問われても，簡潔にひとことをもって答えることはできそうにありません．実に内容が豊富でおもしろい理論です．

ところがガウスはこれらに加えてさらにもうひとつ，楕円関数論の驚くべき側面を発見しました．それはガウスのほかにはだれも気づかなかったことで，ガウスを俟ってはじめて明るみに出されたのですが，楕円関数論は整数論と親密な関係で結ばれているというのです．しかもその場合の整数論というのはガウス以前に成立していた「フェルマとオイラーの数論」ではなく，ガウスの創意が生み出した「相互法則の世界」を指しています．

『アリトメチカ研究』の第7章のテーマは何かと問われたなら，円周等分方程式論，とひとまず答えます．円周等分方程式の何を論じるのかと重ねて問われたなら，代数的可解性，特に平方根のみを用いて解ける場合の探求（幾何学的に言い換えると，正多角形の作図問題の解決），と答えることになりますが，これはこれでまちがいではないのはこれまでに見てきたとおりです．ですが，これだけならガウスの円周等分方程式論は代数方程式論に所属することになり，整数論の名を冠する書物の一区域を占める理由が理解できなくなってしまいます．

ガウスの円周等分方程式論は代数方程式論の見地からみてもまったく画期的で，代数方程式論はガウスの登場を俟って一変し，ガウスの影響のもとでアーベルの手で「不可能の証明」が遂行されたり，ガロア理論やアーベル方程式が生れたりしたのですが，ガウス自身の数学的意図は数論にありました．ガウスの数論というのはひとことで言えば「相互法則の探求」ということに

第 2 章　代数関数論のはじまり

尽きますが，著作『アリトメチカ研究』の段階でガウスが苦心していたのは次数 2 の相互法則，すなわち平方剰余相互法則の証明を見つけることでした．ガウスはすでにこの証明に成功し，『アリトメチカ研究』の第 4 章と第 5 章で 2 通りの証明（数学的帰納法による証明と 2 次形式の種の理論による証明）が記述されましたが，ガウスにはガウスに固有の理由があって，別の原理に依拠する証明の探求を続けました．ガウスの円周等分方程式論の真意はそこにひそんでいます．

　具体的に言うと，それは今日「ガウスの和」と言われる和の数値を求めることです．「ガウスの和」というのは有限フーリエ級数とも言うべき形の和で，正弦や余弦を用いて組み立てられているのですが，その和が決定されると，その決定の様式それ自体を通じて平方剰余相互法則の証明が得られるというのが，ガウスのアイデアでした．後年，このアイデアはガウスの意図したとおりに実現したのですが，『アリトメチカ研究』の時点ではガウスの和の大きさ，すなわち絶対値が求められただけにとどまり，符号の決定にはいたりませんでした．そのため平方剰余相互法則の証明も記述することができず，その結果，第 7 章の真実の意図はいくぶん不明瞭になりました．

　円周等分方程式論の中に平方剰余相互法則の証明の原理がひそんでいるとは，オイラーもラグランジュもアーベルもガロアも，だれにも思いもよらなかったことで，ガウスの独創というほかはありません．

数論と楕円関数論

　ガウスの洞察力の及ぶ範囲は，円周等分方程式論の中に平方剰余相互法則の証明の原理を見たというところにのみ限定されるのではありません．それだけでもすでに想像を絶する領域に踏み込んでいると思うのですが，『アリトメチカ研究』の第 7 章の冒頭にレムニスケート積分が明記されていることに象徴されているように，数学的自然を見るガウスの目は，はるか先に開かれるであろう光景を見ていました．具体的には，それは次数 4 の相互法則の

4. レムニスケート曲線とレムニスケート積分

【コラム】ガウスの和

　「ガウスの和」と呼ばれる和はガウスの著作『アリトメチカ研究』(1801年) の第 7 章「円の分割を定める方程式」に登場しました．表記を簡明にするために $P = 2\pi$ と置きます．n は奇素数とし，二通りの場合に分けて考えるのですが，まず $n \equiv 1(\mathrm{mod}.4)$ のとき，二つの等式

$$\sum \cos \frac{kRP}{n} - \sum \cos \frac{kNP}{n} = \pm\sqrt{n}$$
$$\sum \sin \frac{kRP}{n} - \sum \sin \frac{kNP}{n} = 0$$

が成立します．次に $n \equiv 3(\mathrm{mod}.4)$ のときを考えると，今度は二つの等式

$$\sum \cos \frac{kRP}{n} - \sum \cos \frac{kNP}{n} = 0$$
$$\sum \sin \frac{kRP}{n} - \sum \sin \frac{kNP}{n} = \pm\sqrt{n}$$

が成立します．ここで，総和は R と N に関して行われますが，R は n より小さい n のあらゆる正の平方剰余を表し，N は n より小さい n のあらゆる正の平方非剰余を表しています．$x^2 \equiv a(\mathrm{mod}.n)$ の解 x が存在するとき，a を n の平方剰余と呼び，ここに現れる二種類の和

$$\sum \cos \frac{kRP}{n} - \sum \cos \frac{kNP}{n}, \ \sum \sin \frac{kRP}{n} - \sum \sin \frac{kNP}{n}$$

のことを「ガウスの和」と呼んでいます．ガウスの和の値は 0 もしくは $\pm\sqrt{n}$ ですが，『アリトメチカ研究』の段階で報告されたのはここまでで，後者の符号を確定するにはいたりませんでした．ガウスは『アリトメチカ研究』の刊行以後も思索を続け，まもなくガウスの和の符号決定に成功し，そこから平方剰余相互法則の新たな証明を取り出しました．ガウスの和の数値決定の意味がそこにあります．

第 2 章　代数関数論のはじまり

ことですが，ガウスはその 4 次剰余相互法則の証明の原理が「レムニスケート積分に関連する関数」の諸性質の中にひそんでいることを，非常に早い時期から洞察していたのでした．

　平方剰余相互法則を発見した当初，ガウスはすでに 3 次，4 次はもとよりいっそう高い次数の冪剰余相互法則が存在することを確信していましたし，しかも高次冪剰余相互法則が全容を表す場所は有理整数域ではなく，1 の虚冪根により生成される複素数域であることも，正しく感知していました（3次の相互法則のためには方程式 $x^3 - 1 = 0$ の虚根，たとえば $\dfrac{-1 + \sqrt{-3}}{2}$ が必要．4 次の相互法則のためには方程式 $x^4 - 1 = 0$ の虚根，たとえば $\sqrt{-1}$ が必要）．これに加え，こればかりはガウスといえども具体的に指摘することができたのは，2 次と 4 次の相互法則の場合のことのみだったのですが，平方剰余相互法則の場合には複素指数関数 $f(z) = e^z$，4 次剰余相互法則の場合にはレムニスケート関数のように，一般に数論と超越関数の間には親密な関連が認められることを正しく感知していました．しかもその場合，超越関数というのは複素解析関数です．

　このようなガウスの数学的思索はガウスひとりの思索の世界に所属するのであり，その限りでは普遍性はありません．それにガウスは思索の様相のすべてを公表したわけではなかったのですが，ガウスはあまりにも強力な磁場の中心にいたようで，アーベル，ヤコビ，ガロア，ディリクレなど，ガウスの次の時代の人びとを強力に引きつけました．たとえたったひとりきりの未完成の思索であっても，人の心をとらえてはなさない神秘的な磁力を発揮することはありうるのですし，だからこそ数学の歴史が形成されるのであろうと思います．ガウスほどの強力な磁場を生成する人は長い数学史上を顧みても数えるほどしかいませんが，彼らこそ，真に数学を創った人びとという名に値します．

　ガウス以降，相互法則と解析関数の間の親密な関係をすっかり明らかにしようとする試みは，19 世紀の全体を通じて謎めいた魅力をかもすテーマに

4. レムニスケート曲線とレムニスケート積分

【コラム】ヒルベルトの第 12 問題

1900 年の夏，8 月 6 日から 12 日にかけてパリで国際数学者会議が開催されました．そのおりヒルベルトは三日目の 8 月 8 日に「数学の将来の問題について」という講演を行い，23 個の問題を提示しました．これが「ヒルベルトの問題」ですが，第 12 番目の問題は「アーベル体に関するクロネッカーの定理の，任意の代数的有理域への拡張」というもので，「クロネッカーの青春の夢」の一般化がめざされています．

なりました．そこに何かしら深遠な課題がひそんでいることはありありと感知されるのですが，何をどうすれば解決されたことになるのか，それすらも明瞭ではありません．数学の魔力そのものが純粋結晶と化してぼくらを誘惑しています．

複素指数関数 $f(z) = e^z$ は「円関数」と呼ぶのが相応しいのではないかと思いますが，円関数の諸性質の中に平方剰余相互法則の証明原理がひそんでいることが発見されたのは実に思いがけないことで，ガウスの天才の所産というほかはありません．円関数は超越関数ですが，解析関数であり，しかも周期関数でもあります．同様にレムニスケート関数もまた超越関数で，解析関数でもあり，やはり周期関数です．ガウスの直観は，レムニスケート関数の中に 4 次剰余相互法則の証明原理が秘められていることを早くから洞察したようで，その片鱗を『アリトメチカ研究』の第 7 章の書き出しのところにごくささやかに書き留めました．ガウスの洞察は真理を射抜いていたのですが，実際に論文の形で公表されるにはいたらず，継承者たちの手にゆだねられることになりました．

これから先はガウスの継承者たちのひとりひとりの物語になり，アーベル，ヤコビ，ガロア，アイゼンシュタイン，ディリクレ，クンマー，エルミート，

171

第 2 章　代数関数論のはじまり

クロネッカー，ヴァイエルシュトラス，リーマン，ヒルベルト等々，19 世紀の数学史を彩る偉大な数学者たちの名前が次々と心に浮びます．どこまで進んでいけるものやらわかりませんが，目標を「ヒルベルトの第 12 問題」あたりに定め，アーベルの話あたりから説き起こしていけば，糸口がつかめるのではないかと思います．

5 ── 「マゼラン海峡」の発見をめざして

アーベルの手稿

　アーベルのフルネームはニールス・ヘンリック・アーベルといい，生誕日は 1802 年 8 月 5 日，生地はノルウェーのスタバンゲルの近くのフィンネという小さな島です．牧師の子供でした．1829 年 4 月 6 日には病気で亡くなっていますから，満年齢で 26 歳という若い死で，数学者として活躍できた日々は短いのですが，数学的思索の奥行きは非常に深く，代数方程式論，楕円関数論，超楕円関数論，アーベル積分論など，さまざまな領域で大きな果実を摘みました．早く亡くなってしまったため，完成にいたらずに放棄された課題も多かったのですが，それらはアーベルの魂を継承する人びとの心に強い印象を刻み，長い年月を通じて育れていきました．数学は人が創る学問ですから，数学者の思索の痕跡を伝えてくれる種子や苗木がたいせつなことは結実した果実に劣りません．

　アーベルの終焉の地になったのはフローラン・ヴェルクというところです．1839 年は没後 10 年になる年ですが，この年，アーベルの師でもあり友でもあったホルンボエの手で『アーベル全集』（全 2 巻）が編纂され，刊行されました．これが最初のアーベル全集ですが，後年，アーベルの後輩のノル

ウェーの数学者シローとリーの手で，もう一度，編纂されました．今度も全2巻の構成で，刊行年は1881年です．

1902年はアーベルの生誕100年にあたりますので，1902年から1904年にかけて刊行された北欧スウェーデンの数学誌『数学輯報（*Acta mathematica*）』の第26, 27, 28巻は「アーベル記念号」となりました．ポアンカレやパンルベなどによるアーベルにゆかりの諸論文が並んでいますが，第27巻の巻末にアーベルの論文「二, 三の楕円公式に関するノート」の手書きの原稿の写しが収録されています．全部で4枚．フランス語で書かれています．論文の本文は最後の4枚目の左半分までで終了し，その右側にはクレルレ宛のドイツ語の手紙が附されています．それは1828年9月10日付のクレルレの手紙に対する返書です．この年の5月，アーベルの論文「楕円関数研究」の後半が『クレルレの数学誌』の第3巻，第2分冊に掲載されて完結したのですが，クレルレはルジャンドルやヤコビから聞こえてくる好意的な反響をアーベルに伝え，ノルウェーで孤独な思索の日々を送るアーベルを激励しました．そこでアーベルは感謝の気持ちを表明するとともに，論文「楕円関数概説」の完成をめざそうとする企図を明らかにしたのでした．

クレルレは数学を愛好するプロイセン政府の高官で，ドイツで最初の鉄道のひとつであるベルリン＝ポツダム間の鉄道の建設者として知られる人ですが，『クレルレの数学誌』をみずから創刊した人物でもありました．クレルレはアーベルの人と学問を愛し，いつもなにくれとなく親切にしてくれました．

虚数乗法論の芽生え

アーベルの手稿の本文を見ると，楕円関数に関連のあるいろいろなことが書かれている中で，

$$\frac{dy}{\sqrt{A - By^2 + Cy^4}} = \frac{adx}{\sqrt{A + Bx^2 + Cx^4}} \qquad (*)$$

第 2 章　代数関数論のはじまり

という形の微分方程式が目に留まります．ここで，A, B, C, a は実量ですが，アーベルが考察したのはこの微分方程式の代数的積分の可能性です．微分方程式（＊）が代数的に積分可能というのは，この微分方程式を生成する力を備えている x と y の代数方程式 $f(x, y) = 0$，すなわち，その微分 df を 0 と等値して作られる方程式 $Mdx + Ndy = 0$ が，方程式（＊）と一致するという性質を備えた代数方程式が存在することを意味するのですが，もし代数的に積分可能であれば，**係数 a は必然的にある正有理数の平方根でなければ**ならないと述べています．

　かつてファニャノは微分方程式

$$\frac{dy}{\sqrt{1 - y^4}} = \frac{dx}{\sqrt{1 - x^4}} \qquad (＊＊)$$

のひとつの代数的積分 $x^2 y^2 + x^2 + y^2 - 1 = 0$ を発見したことがありました．オイラーはこれを受けて一般的な代数的積分の発見に成功しましたが，アーベルが取り上げた微分方程式（＊）はファニャノの方程式（＊＊）と別物ではありますが，とてもよく似ていることもたしかです．代数的積分の可能性が係数 a に対して何かしら特異な形状を要請するというのですが，このあたりはアーベルに固有の洞察で，オイラーにもガウスにも見られません．アーベルはのちに「虚数乗法論」という名で呼ばれることになる領域にはっきりと歩を向けています．変数分離型の微分方程式の代数的積分を追い求めているという点に着目する限りでは，オイラーの強い影響がうかがわれます．

　アーベルの 4 頁のノートは「二，三の楕円式に関するノート」（「楕円式」の原語は formules elliptiques．楕円積分に関連して現れるいろいろな等式の意）という標題が附されて『クレルレの数学誌』の第 4 巻，第 1 分冊に掲載されましたが，第 4 巻の刊行年度は 1829 年で，その第 1 分冊が出版されたのは 1829 年 1 月 25 日と記録されています．実際に執筆されたのはそれよりも前であることは当然ですが，『クレルレの数学誌』に掲載された論文には日付

174

はありません．ところが写しの手稿を見ると，末尾に「クリスチャニア
1828 年 9 月 25 日」と日付が明記されていて，見る者の感慨を誘います．ク
レルレは『クレルレの数学誌』への掲載にあたり，この日付を削除したので
すが，シローとリーが編纂したアーベル全集でもそのまま踏襲されています．
このような微細な事実が明るみに出されるのは手稿ならではのことですし，
特有の魅力が備わっています．

　クリスチャニアはアーベルの故国ノルウェーの首都で，現在のオスロです．

「2 頁の大論文」

　1828 年 9 月 25 日の日付をもつアーベルのノートが『クレルレの数学誌』
に掲載されたとき，なぜかしら末尾に記入された日付が消去されたのは前述
のとおりですが，いくぶん珍しい出来事でした．アーベルはある時期から論
文の最後に日付を記入するようになりました．1827 年の秋から翌 1828 年の
初夏にかけて 2 回に分けて公表された長篇「楕円関数研究」には日付が見ら
れませんが，アーベル方程式の概念を導入してその代数的可解性を明らかに
した論文「ある特別の種類の代数的可解方程式の族について」には，「クリ
スチャニア 1828 年 3 月 29 日」と記されています（1829 年に刊行された『ク
レルレの数学誌』第 4 巻に掲載されました）．「楕円関数の変換に関するある一
般的問題の解決」という論文は『クレルレの数学誌』ではなく，ガウスの友
人の天文学者シューマッハーが創刊した『天文報知』という学術誌の第 6 巻，
第 138 号に掲載されたのですが，末尾に「クリスチャニア 1828 年 5 月 27
日」と明記されました．この論文の補足として同じ『天文報知』に「附記」
が掲載されたときの日付は「クリスチャニア 1828 年 9 月 25 日」です．論
文「ある超越関数族のひとつの一般的性質の証明」は生前のアーベルが最後
に執筆した短篇ですが，「アーベルの加法定理」が表明された傑作でした．
これが高木貞治先生のいう「2 頁の大論文」です．1829 年の年初の 1 月 6 日
に執筆されましたので，論文にもそのまま「クリスチャニア 1829 年 1 月 6

第2章　代数関数論のはじまり

日」と記入されました．ただし，実際に執筆した場所はクリスチャニアではなく，フローラン・ヴェルクでした．

　おおよそこんなふうでしたから，アーベルの論文「二, 三の楕円式に関するノート」にも日付が記入されたのは自然なことなのですが，クレルレはそれをあえて削除しました．一見して無意味としか思われない行為ですが，これは，1828 年 8 月 27 日という日付をもつアーベルのもうひとつの論文「楕円関数研究　第 2 論文」との，不可解なかねあいの所産だったのではないかと思います．アーベルの論文の主な発表の舞台は『クレルレの数学誌』で，アーベルは論文を書き上げるとたいていの場合，クレルレのもとに送付して掲載を依頼したのですが，クレルレは掲載の順番をなぜか逆転して「二, 三の楕円式に関するノート」のほうを先に掲載し，それよりも前に書かれた「第 2 論文」を後回しにして『クレルレの数学誌』の第 4 巻の第 2 分冊（1829 年 3 月 28 日刊行）に掲載しました（「第 2 論文」の一部のみ，「楕円関数に関する諸定理」という表題がつけられて掲載されました）．そこで，第 1 分冊に掲載された「二, 三の楕円式に関するノート」から日付を削除したのですが，たぶん違和感が起こらないための配慮だったのでしょう．

クレルレの友情

　論文の末尾に執筆の日付が記入されたりされなかったり，掲載の時点で削除されたりされなかったり，細かいばかりで数学にとってはあまり意味がないような感じもありますが，こんなエピソードを紹介しがてらクレルレのことを話したかったのです．

　アーベルは 1825 年の秋，国費留学生として故国ノルウェーを離れました．ゲッチンゲンとパリの大学で数学を学ぶためというのが留学の名分だったのですが，ゲッチンゲンということであればアーベルは当初からガウスに会う考えを抱いていたのでしょう．

　パリについては，なにしろ当時のヨーロッパの数学研究の中心地でしたか

5. 「マゼラン海峡」の発見をめざして

ら，数学研究のための留学という以上，どうしても訪れなければならない都市でした．1825年にはラグランジュはもう亡くなっていましたが（没年は1813年），パリにはコーシー，ポアソン，フーリエ，ラプラス，ラクロア，ルジャンドルなど，幾人もの著名な数学者が群がっていました．後にゲッチンゲン大学でガウスの後継者になったディリクレも，この時期にはパリに滞在していました．巨大な中核都市パリと孤高の数学者ガウスのいるゲッチンゲンが，アーベルの時代のヨーロッパ大陸の数学研究の聖地であり，楕円形の二つの焦点の位置を占めていました．

留学の前，アーベルはクリスチャニア大学の学生宿舎レゲンツェンで生活していたのですが，1825年9月6日にここを引き払い，翌7日，クリスチャニアを離れました．コペンハーゲンからハンブルクを経てベルリンに到着したのは，1箇月後の10月11日と記録されています．

ベルリンではまずはじめにクレルレを訪ねました．クレルレは1780年3月11日に生れた人ですから，このとき45歳．アーベルは23歳ですから大きな年齢の差があったのですが，初対面のときから心が通い合ったようで，たちまち親しくなりました．ちょうどクレルレが新しい数学誌の創刊を企画していた時期でもあり，アーベルは創刊号のときから有力な執筆者になりました．

22歳も年長のクレルレはアーベルの庇護者でもあり，無二の親友でもありました．アーベルに対していつも親切だったのはまちがいありませんが，数学の方面では必ずしもよい理解者とは言えず，しばしば変なことをしました．アーベルが「不可能の証明」の論文を執筆したときのことですが，アーベルはドイツ語が不得手だったとみえて，フランス語で書きました．この論文は『クレルレの数学誌』の創刊号に掲載されました．ところが，実際に世に出た論文を見ると，ドイツ語になっています．親切なクレルレがドイツ語に翻訳する労をとってくれたのですが，標題からしてすでにまちがっています．「不可能の証明」の論文の正式な標題は「4次をこえる一般方程式を代

数的に解くのは不可能であることの証明」であるのに，ドイツ語訳をそのま
ま読むと，不可能なのは「4次以上の次数の代数方程式の一般的解法」に
なってしまいます．「一般的解法」というのであれば不可能ということはあ
りませんし，無意味になってしまいます．クレルレは論文の中味がよく理解
できなかったのでしょう．

解ける問題と解けない問題

　一般角を定規とコンパスのみを使って3等分するのは不可能とわかってい
ますから，3等分の可能性を強く確信して生涯をかけて打ち込んだとしても，
決して解決することはありません．これは問題の形が，「解決することが可
能な形」（そのような形に提示されていなければ問題は解けないと，アーベルは
言っています）になっていないからで，5次方程式の根の公式の探索と同じ
です．もっとも解決可能な形に問題が設定されれば，だれもが解けるという
わけでもありません．

　問題を解決可能な形に提示するというアーベルの言葉の根底には，「情」
の作用が「知」の働きを制御するという情景が広がっていますから，岡潔先
生のいう「情緒の数学」の恰好の事例になっています．解のある問題を解こ
うと思い詰めて打ち込めば必ず解けるというほどのことで，それならだれし
も，「不可能の証明」のような大掛かりな問題ではないにしても，身近な体
験をもっているのではないかと思います．大学の受験問題などでしたら必ず
解けるに決まっていて，はじめから「解ける形」になっているのですから，
当初から解けることを確信して解きにかかることになります．解けるか解け
ないかの分れ目は技術上の工夫にかかっています．

　それゆえ，数学と数学史を考えるうえで大問題になるのは，「数学の問題
はいかにして提出されるのか」という論点であろうと思います．数学の研究
はしばしば「問題を解く」という形で行われますが，解こうとする諸問題そ
のものはどこから生れてくるのでしょうか．これに関連してもうひとつの課

5.「マゼラン海峡」の発見をめざして

題も心にかかります．それは問題を解決したことが他の人に認められたり認められなかったりするという現象に関することなのですが，数学の論証が知的もしくは論理的に行われる以上，正しいかまちがっているかの判定は論理的な視点のみから可能なのではないかと考えられます．というよりもむしろ，数学というのはそのような学問であると見るのはごく普通のことですが，そうすると数学史には理解しがたい出来事がしばしば起ります．

代数方程式論に例を求めると，アーベルははじめ「根の公式の存在証明」に成功したと信じ，1篇の論文を執筆して諸先生に見てもらいましたが，欠陥を指摘した人はいませんでした．それにもかかわらず，だれも「正しい」と明言しなかったのはいかにも不可解です．その後，アーベルは考えをあらためて「不可能の証明」に向い，「6頁の論文」を書きました．今度もまたまちがいを見つけることのできた人はいなかったのですが，だからといって「正しい」と言ってくれる人もまたいませんでした．ベルリンのクレルレはアーベルの話に耳を傾けてくれましたので，アーベルは励まされて新たに「不可能の証明」の論文を書き直しました．『クレルレの数学誌』に掲載するつもりでしたのでクレルレの手にわたしたところ，クレルレは掲載にあたってわざわざドイツ語訳を作成してくれたのですが，理解が行き届かなかったため，論文のタイトルからしてまちがってしまいました．

認められたり認められなかったりする現象は単なる論証のレベルで発生するのではなさそうで，数学の根底にあって全体を支えているのは，論理を超越した何物かではないかという印象があります．アーベルの「パリの論文」に例を求めて，この間の消息をもう少し追求してみたいと思います．

ガウスの一番はじめの継承者

アーベルとはどのような数学者だったのかと問われたなら，「ガウスの一番はじめの継承者」と呼ぶのがもっとも相応しいと思います．代数方程式論についてはこの見方がぴったりあてはまり，間然するところがありません．

第 2 章　代数関数論のはじまり

アーベルの「不可能の証明」がガウスの円周等分方程式論に深遠な影響を受けたことは明白ですし，さらにもうひとつ，「アーベル方程式」の概念の由来もまた円周等分方程式です．

　楕円積分論についてはどうかといいますと，なにしろガウスはこの方面では論文や著作を出さなかったのですから，アーベルといえどもガウスの思索に直接追随して学ぶのは至難です．実際のところ，アーベルはオイラーとルジャンドルの著作を通じて楕円積分論を学びました．ルジャンドルはオイラーの忠実な祖述者で，数論の方面では『数の理論のエッセイ』(1798 年)という大きな著作を書いてオイラーの数論を紹介しました．楕円積分論では，

　　『さまざまな位数の超越物と求積法に関する積分計算演習』
　　　　（全 3 巻．第 1 巻は第 1 部から第 3 部までで編成されていて，1811 年
　　　　刊行．1813 年，第 1 部の補遺を書く．第 2 巻は第 4 部から第 6 部まで
　　　　で，1817 年に完結した．その間に数表を作成し，第 2 巻の完結に先
　　　　立って 1816 年に刊行された．それが第 3 巻になった．「超越物」の原
　　　　語は transcendantes で，楕円積分やオイラー積分が考えられている．）
　　『楕円関数とオイラー積分概論』
　　　　（全 3 巻．第 1 巻，1825 年．第 2 巻，1826 年．第 3 巻，1828 年刊行．）

という二つの大著作があります．ルジャンドルのいう楕円関数は今日のいわゆる楕円積分を指しています．「オイラー積分」というのは楕円積分を一般化した形の積分で，オイラーが提案して研究したのですが，ルジャンドルはそれを「オイラー積分」と命名しました．

　アーベルはこれらのルジャンドルの著作をテキストにして楕円積分を勉強したのですが，基本テーマは何かというと，ある特定の形の変数分離型の微分方程式の積分と加法定理でした．ところが，ガウスは独自の楕円積分論を手中にしていました．それらは公表されなかったのですが，没後の遺稿を参

5.「マゼラン海峡」の発見をめざして

照して全容を眺めると，ガウスがどれほど深くこの方面に沈潜していたか，明晰判明にわかります．

　公表された書き物はありませんが，24歳のときの作品『アリトメチカ研究』の第7章の冒頭にたったひとつだけ，ガウスの広大な思索の片鱗とも言えるかけらが書き留められました．それはレムニスケート積分

$$\int \frac{dx}{\sqrt{1-x^4}}$$

のことなのですが，ガウスは円周等分方程式論とレムニスケート積分は根底に横たわる共通の諸原理に支えられているというのです．ガウスの言葉をここで引いておきます．

　　ところでわれわれが今から説明を始めたいと思う理論の諸原理は，ここで繰り広げられる事柄に比して，それよりもはるかに広々と開かれている．なぜなら，この理論の諸原理は円関数のみならず，そのほかの多くの超越関数，たとえば積分

$$\int \frac{dx}{\sqrt{1-x^4}}$$

　　に依拠する超越関数に対しても，そうしてまたさまざまな種類の合同式に対しても，同様の研究を伴いつつ，適用することができるからである．

　ガウスの遺稿を見るとわかることですが，ガウスはすでにレムニスケート積分の逆関数，すなわちレムニスケート関数を考えていて，その2重周期性を認識し，加法定理を書き下しています．オイラーはレムニスケート積分の形のままで加法定理を発見しましたが，逆関数に移れば，そのままレムニス

第 2 章 代数関数論のはじまり

ケート関数の加法定理になります．三角関数を想起すればすぐに諒解されることですが，加法定理があれば倍角の公式が手に入り，倍角の公式があれば等分方程式を書き下すことができます．

　ガウスといえどもレムニスケート積分の加法定理そのものはオイラーに学んだのであろうと思いますが，逆関数に移行するあたりはまぎれもなくガウスの創意から出ています．レムニスケート積分は第 1 種楕円積分の一例で，一般に第 1 種楕円積分には逆関数が存在します．それを今では楕円関数と呼ぶのですが（これを提案したのはヤコビです），レムニスケート関数はもちろん楕円関数の一例です．楕円関数は 2 重周期をもち，加法定理を満たし，したがって倍角の公式が成立しますので，等分方程式を書き下すことができます．

　オイラーの時点では代数方程式論と楕円積分論は別々の理論だったのですが，楕円積分から楕円関数に移ることにより等分方程式が認識されて，二つの流れが合流する場所が現れました．ガウスが開いた新しい数学の沃野です．

楕円関数研究に向う

　アーベルはガウスが『アリトメチカ研究』の第 7 章の冒頭に書き留めたレムニスケート積分ひとつを手がかりにして，楕円関数論の領域でガウスが描いていた構想を洞察することに成功した模様です．手がかりとも言えないほどのかけらにすぎないのですが，ガウスが円周等分方程式を取り扱う仕方をつぶさに観察し，レムニスケート積分を見ただけでガウスの数学的心情を見抜いたというのですから，まったくおそるべき洞察力です．アーベルがどれほど深くガウスの世界を再現しえたのか，その情景は「楕円関数研究」（1827－1828 年）という傑作の中に克明に描かれています．

　アーベルはこの段階では第 1 種楕円積分の逆関数に対して特別の呼称を与えているわけではないのですが，アーベル以降，定着した習慣にしたがって「楕円関数」と呼ぶことにしたいと思います．アーベルは楕円関数の 2 重周期性を明らかにし，加法定理と倍角の公式を配列し，等分方程式を書き下し

182

5.「マゼラン海峡」の発見をめざして

ました．それから等分方程式を「一般等分方程式」と「周期等分方程式」に
区分けして，それぞれの代数的可解性の究明を試みました．一般等分方程式
の代数的可解性は周期等分方程式の代数的可解性に帰着され，周期等分方程
式の代数的可解性は「モジュラー方程式」と呼ばれる方程式（ヤコビによる
呼称）の代数的可解性に帰着されます．一般的に言うとモジュラー方程式は
代数的に解くことはできないのですが，アーベルはそれを指摘したうえで，
モジュラー方程式の代数的可解性を左右する根本的な状勢の解明をめざす問
題へと向っていきました．ここから生れたのが「虚数乗法論」と言われる理
論ですが，ここまで来ると，アーベルの歩みはガウスの視野の及ぶ範囲を越
えて，はるかに遠い地点に届いています．

　モジュラー方程式に出会うまでには，代数的に解ける方程式にもいくつか
出会い，アーベルはそれらの代数的可解性を次々と明らかにしていくのです
が，それらはどれもみな巡回方程式でした．アーベル方程式というのは巡回
方程式よりも少し広い範疇を作る代数方程式ですが，円周等分方程式は巡回
方程式であることを認識し，その認識に基づいて円周等分方程式の代数的可
解性を示したのがガウスでした．ここで本質的なのは，円周等分方程式は円
関数，すなわち複素指数関数 $f(x) = e^{ix}$ の等分方程式であるという一事で
すが，これに対し，アーベルは楕円関数の周期等分方程式の代数的可解性の
考察を通じてアーベル方程式に出会いました．

　ガウスの円周等分方程式論にはもうひとつ，定規とコンパスのみを用いて
円周を等分することに関する発見がありました．$N = 2^n + 1$ $(n = 1, 2, \cdots)$
という形の素数（必然的に $N = 2^{2^n} + 1$ $(n = 0, 1, 2, \cdots)$ という形になります）
のことをフェルマ素数というのですが，N がフェルマ素数のとき，円周を
定規とコンパスだけで N 等分することができるというのがガウスの発見で
す．アーベルはレムニスケート曲線を対象にして，これとそっくりそのまま
の類似する命題を見つけました．発見したのはパリに滞在中のことのようで，
1826 年 12 月のホルンボエ宛の手紙にその様子が語られています．該当箇所

183

第 2 章　代数関数論のはじまり

は次のとおりです．

> ぼくは，$2^n + 1$ が素数のとき，定規とコンパスを用いてレムニス
> ケートを $2^n + 1$ 個の等しい部分に分けることができることを発見
> した．この分割は次数 $(2^n + 1)^2 - 1$ の方程式に依存する．ところ
> で，ぼくはその方程式の平方根による完全な解法を見つけたのだ．
> ぼくはこのことを通じて，同時に，円周の分割に関するガウス氏の
> 理論を覆って働いているあの神秘を見抜いてしまった．彼がどんな
> ふうにしてそこに到達したのか，ぼくの目にははっきりと映じてい
> る（「円周の分割に関するガウス氏の理論」については 165 頁（4）参照）．

　この事実もまた「楕円関数研究」に記されていますが，ここではこの発見
が起った時期と，論文が執筆された順序にくれぐれも着目したいと思います．
楕円積分は特殊な代数関数の積分ですから，楕円積分の研究から始めてだん
だんと一般化していくのが通常の順序のように思います．ところがアーベル
が真っ先に執筆した「パリの論文」のテーマは，完全に一般的な代数関数の
積分に対する加法定理でした．かんたんなものから一般的なものへと進んだ
のではなく，パリのアーベルは一番一般的な対象の考察から出発しました．
これでは向きが逆なのではないかという感じがして，いかにも不思議です．

デゲン先生のアドバイス

　アーベルの心情が楕円積分もしくは楕円関数の研究に向いはじめた時期は
非常に早く，しかも具体的なきっかけがありました．それは高次代数方程式
の根の公式の存在証明に成功したと信じたときのことで，アーベルが執筆し
た論文は海をわたってコペンハーゲンのデゲン先生の批評を受けることにな
りました．デゲン先生はアーベルの論文に欠陥を見出だすことはできず，か
といって正しいと明言したわけでもなかったのですが，

5.「マゼラン海峡」の発見をめざして

> *A*. 君など，このような労して功なき問題に没頭しないで，むしろ
> 目今解析上にも応用上にも重大なる楕円函数（transcendents
> elliptiques）を研究して「数学の大洋」に於て「マゼラン海峡」を
> 発見するように心掛けては如何．（高木貞治『近世数学史談』より．
> 「*A*. 君」はアーベル．1821 年 5 月 21 日付でデゲン先生からハンステン
> 先生に宛てて書かれた手紙の一節．ハンステン先生はクリスチャニア大
> 学の教授でアーベルの先生です．「楕円函数」の原語 transcendents
> elliptiques は「楕円的超越物」の意で，楕円積分のこと．）

と，おもしろい所見をアーベルに贈りました．それは，代数方程式のような
それほど重要といえないテーマに打ち込むよりも，楕円積分論のような広大
な可能性を秘めている領域の探索へと乗り出すべきだ，という主旨の言葉な
のですが，このアドバイスがアーベルに影響を及ぼした可能性はたしかにあ
ります．1821 年のことで，このときアーベルは 19 歳でした．

　それならデゲン先生はなぜ楕円積分論の究明に重要性を感じたのだろうか
という疑問が生じますが，たぶんデゲン先生はルジャンドルの著作『さまざ
まな位数の超越物と求積法に関する積分計算演習』（全 3 巻）を知っていた
のでしょう．この大きな著作が完結したのは 1817 年ですから，デゲン先生
も手に入れて心を動かされることがあったのかもしれません．いずれにして
も，この時点でアーベルに楕円関数の研究をすすめたのはデゲン先生の功績
です．ですが，楕円積分論と代数方程式論が連繋して新たな世界が開かれて
いくことになろうとは，デゲン先生には思いもよらなかったことでしょう．
ルジャンドルのもうひとつの作品『楕円関数とオイラー積分概論』（全 3 巻）
はこのころはまだ出版されていませんでした．

　楕円積分もしくは楕円関数の等分理論の根底にあるのは加法定理ですが，
加法定理が素朴に認識されるアーベル積分は実は円積分と楕円積分だけで，

第 2 章　代数関数論のはじまり

他のアーベル積分に移ると諸状勢はいきなり見通しが悪くなります．ところがアーベルはいきなり完全に一般的なアーベル積分を取り上げて加法定理を発見し，「パリの論文」を執筆しました．パリのアーベルは 25 歳です．19 歳のときデゲン先生に楕円関数の研究をすすめられ，ガウスの『アリトメチカ研究』を読み，その前からの懸案の代数方程式論の究明も依然として継続する中で，いつのまにか一般のアーベル積分の加法定理に到達するところにまで進みました．「楕円関数研究」よりも先に「パリの論文」を書いたのはパリの科学アカデミーに提出するためで，手持ちの研究の中の一番よいものを出そうというほどの強い意志の力が伝わってきます．ですが，アカデミーからは何の反応もなく，アーベルの意気込みは空回りに終りました．

「パリの論文」の行方

科学アカデミーに提出された「パリの論文」はコーシーとルジャンドルが審査することになったのですが，ルジャンドルはこの仕事をコーシーにおしつけたようで，審査結果をコーシーが報告することになりました．ルジャンドルが実際に読んだ形跡はなく，コーシーもまた放置して，いつのまにか行方不明になってしまいました．アーベルは「パリの論文」の価値を確信し，真価が正しく評価されることを期待して 1826 年 7 月 10 日からパリ滞在を続けたのですが，何の御沙汰もないまま年末を迎え，12 月 29 日，失意のうちにパリを離れました．

この当時のパリの数学的状況を回想すると，「パリの論文」を理解することができそうな人は，もしそのような人がいるとすればの話ですが，ルジャンドルのみでした．コーシーは読みさえすれば論証の正しさを判定することはできたと思いますが，楕円関数論や代数関数論には関心がなかったのですからそんなことを想像しても意味はなく，せいぜい論文の表題を見たという程度だったのではないかと思います．オイラーの楕円積分論を祖述したルジャンドルのことですから，楕円積分の加法定理を極限まで推し進めること

186

5. 「マゼラン海峡」の発見をめざして

に成功した「パリの論文」を理解しないはずはないと，アーベルは期待したに違いありませんが，この期待はかなえられませんでした．

　楕円積分も超楕円積分も飛び越えていきなり一般のアーベル積分の研究を仕上げるというのはやはり尋常ではなく，アーベルは手持ちの研究成果の中で最高のものを科学アカデミーに提出したのでした．意気込みが実を結ばない現実を味わった後，アーベルは楕円積分と楕円関数の研究成果を論文の形にまとめ，『クレルレの数学誌』やシューマッハーの『天文報知』などに掲載するようになりました．1828 年の暮れには楕円積分よりも少し一般的なアーベル積分を取り上げて，論文「諸注意」を書き，『クレルレの数学誌』の第 3 巻，第 4 分冊に載せました．この分冊は 12 月 3 日に刊行されました．

　論文「諸注意」のテーマは加法定理で，「パリの論文」の特別の場合が精密に述べられていますが，本質は同じです．アーベルは書き出しのあたりでささやかな脚註を附して，

　　私は 1826 年の終りころ，パリの科学アカデミーに，このような関
　　数に関する論文を提出した．

と，「パリの論文」の存在を示唆しました（162–163 頁参照）．「このような関数」というのは「代数的微分式の積分」，すなわち一般のアーベル積分を指しています．

　痛切な心情のにじむ言葉ですが，これに共鳴したのはアーベルのライバルのヤコビでした．ヤコビは「諸注意」を通じて実際には見たことのない「パリの論文」の値打ちをも理解したようで，この当時，ルジャンドルと手紙のやりとりをしていたのですが，「パリの論文」のことを伝えました．こんなことがあって，「パリの論文」はようやくパリの数学者たちの知るところとなりました．

　ストゥーブハウグの評伝『アーベルとその時代』によると，アーベルの没

187

第 2 章　代数関数論のはじまり

後のことですが，1829 年 6 月 29 日にはアカデミー・フランセーズの机の上
にあったということで，翌 1830 年 6 月 28 日にはヤコビとともに科学アカデ
ミーの数学大賞を受けました．ところが，その後，またも行方がわからなく
なりました．

論理と情緒

　行方不明になったり，見つかったり，それからまたまた所在がわからなく
なってしまったり，「パリの論文」は数奇な運命をたどりました．アーベル
がヤコビとともにパリの科学アカデミーのグランプリを受けたのは，おそら
くルジャンドルの推薦によるものと思われますが，「パリの論文」の真価を
ルジャンドルに教示したのはヤコビでした．それならどうしてヤコビの言葉
がルジャンドルに伝わったのかという疑問が生じますが，これに答えるには
ヤコビとルジャンドルの交友を語らなければなりません．

　とり急ぎかんたんな経緯を書き留めておくだけにしたいのですが，ヤコビ
はドイツのポツダムに生れた人で，生年は 1804 年ですからアーベルより 2
歳年下です．早い時期から楕円積分の研究に向い，ある著しい事実を発見し
たのですが，それをルジャンドルに伝えたところ，大きな賞賛を受けました．
1827 年の夏のことで，12 月 10 日に生れたヤコビはこのとき満 22 歳でした．
ヤコビの発見は「変換理論」と呼ばれる理論に所属するのですが，その内容
はオイラーに由来する変数分離型微分方程式の積分の理論で，ルジャンドル
による寄与もあり，ルジャンドルの著作に詳細に記されています．ヤコビは
その命題を拡大することに成功したのですから，ルジャンドルに伝えたのは
当然のことですし，ルジャンドルもまたすぐに価値を認めました．ヤコビも
アーベルもルジャンドルの評価を求めたところは同じですが，1827 年のヤ
コビの場合には，1826 年のアーベルのときのように「黙殺される」という
事態は起らなかったのです．

　「情緒の数学史」(「情緒の数学史」については第 3 章で詳しく語りたいと思い

5. 「マゼラン海峡」の発見をめざして

ます）という観点からすると，ルジャンドルはヤコビの発見の意義を認めることができたのに，アーベルの大発見はどうして見逃してしまったのだろうという疑問が起ります．楕円積分の場合，オイラーが発見した加法定理は変数分離型微分方程式の積分の考察から派生したのですが，ルジャンドルの関心はもっぱら微分方程式の積分に向ったようで，加法定理はひとつのエピソードという程度の認識だったように思います．加法定理そのものに対してはルジャンドルの関心はどうも薄く，アーベルの加法定理に心が動かなかったのはそのためだったのではないかという感じがあります．ヤコビの発見のほうは，なにしろルジャンドルが開拓しようとして長年にわたって苦心を重ねていた変換理論に所属していたのですから，たちまち深い関心を示しました．

これまでに何度も繰り返して語ってきたことですが，楕円積分の逆関数が楕円関数で，楕円積分の加法定理はそのまま楕円関数の加法定理に通じます．楕円関数の加法定理から倍角の公式が発生し，それを基礎にして等分方程式が書き下されて代数方程式論とつながって，等分方程式の代数的可解性を究明するという課題が発生します．ガウスはこの相関図式を円積分とその逆関数の場合について遂行して，何かしらまったく新しい世界の扉を開いたのですが，アーベルの加法定理の根底には，この新世界の奥地に向けて大きく歩を進めていこうとする強い意志が感じられます．それなら「パリの論文」の真価を認めることができるのはガウスを措いてほかにないことになりますし，ルジャンドルの目に留まらなかったのは無理もないことなのでした．

数学は論理学の一区域ではなく，人が創造する学問なのですから，わかる人にはわかるけれども，わからない人にはわからないという宿命を負っています．「わかる」という働きは「知」の作用であるのと同様に，「情」の働きでもあります．これは岡潔先生の言葉ですが，知的に「わかった」としても，情が納得しなければ人は「わかった」と思うことはできません．知的な「わかった」には情を説得する力はありません．実際にはこれはなかなか気づかないことで，アーベルもまた所見を請うべき人を誤ったのですが，「不可能

第 2 章　代数関数論のはじまり

の証明」を書いた 6 頁の小冊子がガウスに無視された出来事もありましたし，数学のことは別にして，どうもガウスとは相性が合わなかったのですから仕方がありません．この世でのアーベルの不幸はこのあたりに根ざしています．

第 **3** 章

多変数関数論と
情緒の数学

数学の抽象化とは何か

情緒の世界

ガウスの数論

レムニスケート曲線の発見

ハルトークスの逆問題からリーマンの定理へ

第 3 章　多変数関数論と情緒の数学

1 ―― 数学の抽象化とは何か

岡潔先生の言葉

アーベルの「不可能の証明」や「パリの論文」に事寄せて，数学を理解しようとする際の「知」と「情」の働きについて所見を述べてみましたが，これは実はまったく独自の考えというわけではなく，有力な考えるヒントが充満する泉が存在し，大きな影響を受けました．それは半世紀も前に岡潔先生が繰り返し語り続けた言葉の数々です．

昭和 40 年（1965 年）8 月 16 日，この日はちょうど大文字五山送り火の日だったのですが，新潮社が企画を立てて，京都の料亭（店名はもうわかりません）で岡先生と小林秀雄との対談が行われました．お昼すぎの 1 時に始まり，深夜 12 時に及ぶという恐るべき対談になったのですが，このときの記録はまずはじめに新潮社の文芸誌『新潮』の 10 月号（9 月刊行）に掲載され，続いて同じく新潮社から 10 月 20 日付で単行本の形になって刊行されました．書名は『対話 人間の建設』というのですが，『新潮』誌に掲載されたときのタイトルも同じでした．たいへんな評判を呼び，『新潮』10 月号はたちまち完売という事態になりました．『新潮』の創刊以来 60 年ではじめての売り切れということで，新潮社としても早々に単行本にして出版することに決定したのでした．

単行本『人間の建設』の売れ行きも上々で，手もとにある 1 冊は第 15 刷なのですが，刊行日は昭和 41 年 3 月 10 日ですから，初刷が発売されてからまだ 5 箇月にもなっていません．語り合われたテーマは多岐にわたりますが，圧巻はやはり岡先生が小林秀雄に向って数学という学問の姿を語る部分です．しばらく岡先生の言葉に耳を傾けたいと思います．

1. 数学の抽象化とは何か

数学は知性の世界だけに存在しうると考えてきたのですが，そうでないということが，ごく近ごろわかったのですけれども，そういう意味にみながとっているかどうか．

数学は知性の世界だけに存在しえないということが，四千年以上も数学をしてきて，人ははじめてわかったのです．数学は知性の世界だけに存在しうるものではない．何を入れなければ成り立たぬかというと，感情を入れなければ成り立たぬ．ところが，感情を入れたら，学問の独立はありえませんから，少くとも数学だけは成立するといえたらと思いますが，それも言えないのです．

最近，感情的にはどうしても矛盾するとしか思えない二つの命題をともに仮定しても，それが矛盾しないという証明が出たのです．だからそういう実例をもったわけなんですね．それはどういうことかというと，数学の体系に矛盾がないというためには，まず知的に矛盾がないということを証明し，しかしそれだけでは足りない，銘々の数学者がみなその結果に満足できるという感情的な同意を表示しなければ，数学だとはいえないということがはじめてわかったのです．じっさい考えてみれば，数学に矛盾がないというのは感情の満足ですね．人には知情意と感覚がありますけれども，感覚はしばらく省いておいて，心が納得するためには情が承知しなければなりませんね．だから，その意味で，知とか意とかがどう主張したって，その主張に折れたって，情が同調しなかったら，人はほんとうにそうだとは思えませんね．そういう意味で私は情が中心だといったのです．

第3章　多変数関数論と情緒の数学

そのことは，数学のような知性の最も端的なものについてだっていえることで，矛盾がないというのは，矛盾がないと感ずることですね．感情なのです．そしてその感情に満足をあたえるためには，知性がどんなにこの二つの仮定には矛盾がないのだと説いて聞かしたって無力なんです．

矛盾がないかもしれないけれども，そんな数学は，自分はやる気になれないとしか思わない．そういうことははじめからわかっているはずのことなんですが，その実例が出てはじめて，わかった．矛盾がないということを説得するためには，感情が納得してくれなければだめなんで，知性が説得しても無力なんです．

ところがいまの数学でできることは知性を説得することだけなんです．説得しましても，その数学が成立するためには，感情の満足がそれと別個にいるのです．人というものはまったくわからぬ存在だと思いますが，ともかく知性や意志は，感情を説得する力がない．ところが，人間というものは感情が納得しなければ，ほんとうには納得しないという存在らしいのです．

（『人間の建設』38-41 頁）

こんなふうに幾重にも言葉を重ねて説き続ける岡先生に対し，小林秀雄は「近ごろの数学はそこまできたのですか」と応じました．印象はひたすら神秘的ですし，まったく不思議な対談です．

マッハボーイ

情緒の数学を語る岡先生の言葉をもう少し拾いたいと思います．「近ごろの数学はそこまできたのですか」という小林秀雄の発言に対し，岡先生は

194

1. 数学の抽象化とは何か

「ええ」と応じ，「ここでほんとうに腕を組んで，数学とは何か，そしていかにあるべきか，つまり数学の意義，あるいは数学を研究することの意味について，もう一度考えなおさなければならぬわけです」と言葉を重ねていきました．数学の現状はここまできているというのですが，さらに踏み込んで，そんな状況をありありと示す注目すべき論文がとうとう出てきたと言い添えました．「それはどこで出たのですか」と小林秀雄が尋ねると，岡先生は「アメリカです」と即座に応じ，数学基礎論の話を続けました．

> アメリカとかソヴェットは，度はずれた無茶を思い切ってやる．ふつうそんな二つの命題が矛盾しないということを証明してみようなどとは思いもしない．しかし感情的にはどうしても矛盾するとしか思えない二つの命題が，数学的に無矛盾であるということが証明できて，そういうエキザンプル（註．「例」という意味の英語です）ができたのです．そういうエキザンプルが一つあれば，なるほど，知性には感情を説得する力がないということがわかります．はじめからわかっていることなんですが．　　　　　　　　　　（同 41-42 頁）

これだけでは意味をつかむのはむずかしいですが，小林秀雄はこの話に関心を寄せて，「もう少しお話し願えませんか」と続きをうながしました．

「言葉の意味はおわかりにならぬでしょうが，一つ一つの意味はおわかりにならなくても，全体としておわかりになると思います」と前置きして，岡先生の言葉が長々と続きます．

> 集合論で，無限にいろいろな強さ，メヒティヒカイトというものを考えているのですね．その一番弱いメヒティヒカイトをアレフニュルというのです．その次にじっさい知られているメヒティヒカイトはコンティニュイティ，連続体のアレフといわれているものです．

第3章　多変数関数論と情緒の数学

　このアレフニュルとアレフの中間のメヒティヒカイトの集合が存在
するかというのが，長い間の問題だったのです．そこでアメリカの
マッハボーイは，こういうことをやったのです．一方でアレフニュ
ルとアレフとの中間のメヒティヒカイトは存在しないと仮定したの
です．他方でアレフニュルとアレフとの間のメヒティヒカイトは存
在すると仮定したのです．この二つの命題を仮定したわけです．ど
うしたって，これは矛盾するとしか思えません．それは言葉からく
る感情です．ところがその二つの仮定が無矛盾であるということを
証明したのです．それは数学基礎論といって，非常に専門的技巧を
要するのですが，その仮定を少しずつ変えていったのです．そうし
たら一方が他方になってしまった．それは知的には矛盾しない．だ
が，いくら矛盾しないと聞かされても，矛盾するとしか思えない．
だから，各数学者の感情の満足ということなしには，数学は存在し
えない．知性のなかだけで厳然として存在する数学は，考えること
はできるかもしれませんが，やる気になれない．こんな二つの仮定
をともに許した数学は，普通人にはやる気がしない．　（同42-43頁）

　岡先生はこんな話を繰り広げ，最後に「だから感情ぬきでは，学問といえ
ども成立しえない」ときっぱりと言い添えました．

連続体仮説

　岡先生が小林秀雄に説明しようと試みているのは数学基礎論の「連続体仮
説」のことと思いますが，それでしたらオーストリア・ハンガリー帝国に生
れたクルト・ゲーデルという数学者と，ポール・コーエンというアメリカの
数学者の名前が念頭に浮かびます．

　正確な言い回しにこだわると果てしないことになりますが，「連続体仮説」
については岡先生の説明のとおりとして，この仮説は「真」なのか，あるい

196

1. 数学の抽象化とは何か

は「偽」なのかと問うてみます．岡先生の言葉をそのまま使うと，「アレフ ニュルのメヒティヒカイト」と「連続体のアレフ」の中間のメヒティヒカイ トをもつ集合は存在するのかしないのか，どちらなのかという問いを立てる のですが，これは無限集合論を創始したカントールが提示した問題です．集 合論のはじまりにさかのぼる難問ですが，1940 年，ゲーデルは「連続体仮 説」の否定は証明できないことを示し，1963 年にはコーエンが「連続体仮 説」の肯定もまた証明できないことを示しました．ここで，本当なら公理系 の話をしなければならないのですが，それはひとまず措いて大雑把に言うと， 「連続体仮説」は「否定することも肯定することもできない」という不思議 な状況が現れたことになります．岡先生はこれを指して，どう見ても相容れ ないとしか思えない二つの仮定を立てて，一方の仮定を少しずつ変えていく ともうひとつの仮定に到達する，と説明したのでした．

岡先生の話は理屈を考えるとちょっと変なのですが，かえって事の本質の 所在を的確に指し示しているようでもありますし，実におもしろい説明です． コーエンの証明が公表されたのは 1963 年，すなわち昭和 38 年ですから，岡 先生と小林秀雄の対談の 2 年前のことになります．どこかでコーエンの証明 の話を耳にする機会があり，かねがね研究生活を通じて考えていたことを裏 付けているという，強い印象を受けたのではないかと思います．

岡先生の説明では，「連続体仮説」は否定も肯定もできないことを示した のはアメリカの「マッハボーイ」ということになっていますが，上記のよう な次第ですので，ここは本当は「ゲーデルとコーエン」と言わなければなら ないところです．マッハボーイというのは特定の個人名ではなく，「めちゃ くちゃなことをする人」というほどの意味合いの言葉と思います．昭和 30 年代の初期から 10 年ほどの間のことですが，オートバイからマフラー（消 音装置）を取り外して轟音を立てて公道を暴走するグループが全国各地にた くさん現れました．数百を数えたと言われていますが，これを「カミナリ 族」「マッハ族」「スリラー族」「暴走族」などと称して社会問題になったの

第 3 章　多変数関数論と情緒の数学

ですが，岡先生の心の中では同時期に出現したコーエンの証明とマッハ族の
印象が重なって，マッハボーイというおもしろい言葉を造語したのでしょう．

「抽象的な数学」をめぐって

　岡先生の語る「情緒の数学」を理解するうえで，もうひとつの重要な問題
があります．それは「数学の抽象化とは何か」という問題です．岡先生は，
最近の数学は抽象的になったという考えを早くから抱いていたようで，一例
として岡先生の第 1 エッセイ集『春宵十話』（昭和 38 年）の第 7 話「宗教と
数学」を参照すると，こんな言葉が目に留まります．

　　数学の世界で第二次大戦の五，六年前から出てきた傾向は「抽象化」
　　で，内容の細かい点は抜く代わりに一般性を持つのが喜ばれた．そ
　　れは戦後さらに著しくなっている．風景でいえば冬の野の感じで，
　　からっとしており，雪も降り風も吹く．こういうところもいいが，
　　人の住めるところではない．　　　　　　　　　（『春宵十話』41–42 頁）

　小林秀雄は岡先生の『春宵十話』が毎日新聞に連載された当時から注目し
ていたようで，まだ単行本になる前のことですが，昭和 37 年 11 月 3 日付の
朝日新聞の PR 版に「季」というタイトルのエッセイを寄せて読後感を語り
ました．このエッセイは対話「人間の建設」の直接のきっかけになったので
すが，それはともかくとして，小林秀雄は岡先生が数学の抽象化を嘆いてい
ることを承知したうえで，素朴な疑問を岡先生に投げかけました．数学は抽
象的になったというけれども，数学はもともと抽象的なものと思う．そんな
抽象的な数学が抽象的になったというのは，いったいどのような意味なのか，
というのでした．

　　このごろ数学は抽象的になったとお書きになったでしょう．私は数

1. 数学の抽象化とは何か

> 学は何もわからないが，私ども素人から見ますと，数学というもの
> はもともと抽象的な世界だと思います．そのなかで，数学はこのごろ抽象的になったとおっしゃる．不思議なこともあるものだ．抽象的な数学のなかで抽象的ということは，どういうことかわからないのですね．
>
> （『人間の建設』22頁）

この問い掛けに対し，岡先生は「観念的といったらおわかりになりますか」と応じました．即座に「わかりません」と小林秀雄．それを受けて岡先生の詳しい説明が始まります．中味がなくなって観念のみになるから抽象的に感じるのだ，というのです．

> それは内容がなくなって，単なる観念になるということなのです．
> どうせ数学は抽象的な観念しかありませんが，内容のない抽象的な観念になりつつあるということです．内容のある抽象的な観念は，抽象的と感じない．ポアンカレの先生にエルミートという数学者がいましたが，ポアンカレは，エルミートの語るや，いかなる抽象的な観念と雖も，なお生けるがごとくであったと言っておりますが，そういうときは，抽象的という気がしない．つまり，対象の内容が超自然界の実在であるあいだはよいのです．それを越えますと内容が空疎になります．中身のない観念になるのですね．それを抽象的と感じるのです．
>
> （同22-23頁）

このような岡先生の説明を受けて，「そうすると，やはり個性というものもあるのですか」と小林秀雄．「個性しかないでしょうね」と岡先生．そこで小林秀雄が「岡さんがどういう数学を研究していらっしゃるか，私はわかりませんが，岡さんの数学の世界というものがありましょう．それは岡さん独特の世界で，真似することはできないのですか」と質問を重ねると，それ

第3章　多変数関数論と情緒の数学

に誘われて岡先生の長広舌が始まりました.

　　私の数学の世界ですね. 結局それしかないのです. 数学の世界で書
　かれた他人の論文に共感することはできます. しかし, 各人各様の
　個性のもとに書いてある. 一人一人みな別だと思います. ですから,
　ほんとうの意味の個人とは何かというのが, 不思議になるのです.
　ほんとうの詩の世界は, 個性の発揮以外にございませんでしょう.
　各人一人一人, 個性はみな違います. それでいて, いいものには普
　遍的に共感する. 個性はみなちがっているが, 他の個性に共感する
　という普遍的な働きをもっている. それが個人の本質だと思います
　が, そういう不思議な事実は厳然としてある. それがほんとうの意
　味の個人の尊厳と思うのですけれども, 個人のものを正しく出そう
　と思ったら, そっくりそのままでないと, 出しようがないと思いま
　す. 漱石は何を読んでも漱石の個になる. 芥川の書く人間は, やは
　り芥川の個をはなれていない. それがいわゆる個性というもので,
　全く似たところがない. そういういろいろな個性に共感がもてると
　いうのは, 不思議ですが, そうなっていると思います. 個性的なも
　のを出してくればくるほど, 共感がもちやすいのです.（同23-25頁）

　岡先生がここまで語ったところで,「それはわかりましたけれども」と小
林秀雄が応じました. 個性はみな違うけれども普遍的に共感するとか, 個性
的なものを出してくればくるほど, 共感がもちやすいという指摘は実におも
しろく, 小林秀雄にとっても異存はなかったろうと思います.

感情が土台の数学

　「だから感情ぬきでは, 学問といえども成立しえない」という岡先生の発
言を受けて, 小林秀雄が「あなたのおっしゃる感情という言葉ですが…」と

1. 数学の抽象化とは何か

言いかけると，岡先生は「感情とは何かといったら，わかりにくいですけれ
ども，いまのが感情だといったらおわかりになるでしょう」と応じました．
以下，しばらく短い言葉のやりとりが続きます．

小林秀雄：そうすると，いまあなたの言っていらっしゃる感情とい
う言葉は，普通いう感情とは違いますね．

岡先生：だいぶん広いです．心というようなものです．知でなく意
ではない．

小林秀雄：ぼくらがもっている心はそれなんですよ．私のもってい
る心は，あなたのおっしゃる感情なんです．だから，いつでも常識
は，感情をもととして働いていくわけです．

岡先生：その感情の満足，不満足を直観といっているのでしょう．
それなしには情熱はもてないでしょう．人というのはそういう構造
をもっている．

小林秀雄：そうすると，つまり心というものは私らがこうやって
しゃべっている言葉のもとですな．そこから言葉というものはでき
てきたわけです．

岡先生：ですから数学をどうするかなどと考えることよりも，人の
本質はどういうものであって，だから人の文化は当然どういうもの
であるべきかということを，もう一度考えなおしたほうがよさそう
に思うのです． (同44–45頁)

ここまで会話が進んだところで，小林秀雄が，「すると，わかりました」
と発言しました．「具体的に言うと，おわかりになる」と岡先生．小林秀雄
は何かしら得心の行くところがあったのでしょう．

会話をもう少し続けます．

201

第3章　多変数関数論と情緒の数学

　　小林秀雄：わかりました．そうすると，岡さんの数学の世界という
　　ものは，感情が土台の数学ですね．
　　岡先生：そうなんです．
　　小林秀雄：そこから逸脱したという意味で抽象的とおっしゃったの
　　ですね．
　　岡先生：そうなんです．
　　小林秀雄：わかりました．
　　岡先生：裏打ちのないのを抽象的．しばらくはできても，足が大地
　　をはなれて飛び上がっているようなもので，第二歩を出すことがで
　　きない，そういうのを抽象的といったのです．
　　小林秀雄：それでわかりました．　　　　　　　　（同45‐46頁）

　こうして小林秀雄は，岡先生のいう「抽象的な数学」と「情緒の数学」の
いかなるものかをすっかり諒解したというのですが，まったく神秘的としか
言いようのない会話です．

2 ——— 情緒の世界

数学のリアリティ

　一般的に言うと，数学というのは純粋に論理的に構築された学問と考えら
れていて，この見方は数学者であってもなくてもおおむね共有されているの
ではないかと思います．岡先生のように，数学は情緒を表現する学問である
という数学観はまったく独自のもので，ほかに聞いたことはありません．
もっとも数学とはかくかくしかじかの学問であるというふうに，数学観をあ

202

2. 情緒の世界

からさまに語る数学者は実際にはめったにいないのですが，岡先生の発言が広く支持されるという風潮もありませんし，反感とまではいかないまでも，敬して遠ざけるというか，積極的に賛意を表明されることもなく，そうかといって正面から反論がぶつけられるというのでもなく，何となく無視されるという恰好になっているように思います．

　これまでの体験を回想すると，半世紀の昔，『人間の建設』や『春宵十話』など，岡先生の一群のエッセイに誘われてあれこれの連想が群がり起ったころが懐かしく思い出されます．数学の勉強に取り掛かってからしばらくは，数学は何を研究する学問なのだろうか，という素朴な疑問にとらわれて悩まされましたが，岡先生はこの問いに対し，「情緒を表現して創造する学問である」と明快に答えてくれました．これにはまったく仰天してしまい，深く心を奪われたのですが，仰天したのは答が表明されているという事実に対してのことであり，岡先生の言葉そのものの意味するところは把握できず，そのため共鳴することもできませんでした．深遠な魅力があって心を惹かれるけれども意味はわからないという，まことにあやうい心理状態が形成されていつまでも尾を引きました．

　受験のための数学の勉強もありましたし，岡先生のエッセイのほかにも数学や数学史の本を読んだりしたのですが，岡先生の発言はまったく岡先生だけのもので，見聞が広がれば広がるほどに岡先生の言葉の異様さが際立ちました．これにもずいぶん困ったのですが，ひとつだけ断言できるのは，魅力を感じたのは岡先生の言葉だけだったという一事です．単に魅力というよりも「魔力」という言葉がぴったりあてはまりました．それと同時に，こんなふうに岡先生の言葉の魔力のみを頼りにするだけで，はたしてこれから先々も数学をやっていけるのだろうかという，漠然とした不安もありました．

　岡先生の言葉にもどりますと，数学には抽象的な観念しかないのはそのとおりであるけれども，近ごろの数学には観念に内容がなくなっていると岡先生は指摘して，そのような状態を指して「数学の抽象化」と呼んでいるよう

203

第 3 章　多変数関数論と情緒の数学

に思われます．観念に 2 種類あり，内容のある観念と内容のない観念がある
と岡先生は言うのですが，それなら観念の内容になりうるものは何かという
と，それが「情緒」であると岡先生は言い切りました．そういう印象を強く
受けました．情緒という限りひとりひとりの人の情緒であることになりそう
ですが，小林秀雄との対談を読み進めていくと，「リアリティ」をめぐるや
りとりに出会います．岡先生のいう「情緒」の一語の意味合いを考えていく
うえで，手がかりになりそうな場面です．
　小林秀雄はこんなふうに話をもちかけました．

　　さっき，あなたの数学の内容というものが，情緒であるというお話，
　　だいたい見当がついたつもりですが，さてその内容ですね，数学者
　　は，数学者を超える存在のなかで数学をやっているわけでしょう．
　　そういう，いわば上手の存在，あるいはリアリティ，そういうもの
　　があるとお考えでしょう．うまく言えませんが，あなたのお考えは
　　東洋風なのです．存在論的で認識論的ではない，まずい言葉ですが，
　　そうすると，数学者の考えはなるだけリアリティに近づかなければ
　　いけない．リアリティというものは何だかわからないけれども，と
　　にかくそれを目ざして，そこへ近づきたい．近づくために納得でき
　　る描写なり，説明なり，解釈なりをしたいわけでしょう．（同 129 頁）

　小林秀雄のいう「リアリティ」というのは，数学という学問の研究対象と
いうほどのことと思います．数学は情緒の表現とはいっても，学問である以
上，「何か」を研究しようとしているのはまちがいのないところです．絵描
きが風景や人物を描いても，実はそれはまさにいま 1 枚の絵を描きつつある
その人の情緒を表現しているのだと言えそうですし，数学もまたそれと似た
ところがあるという考えに基づいて，岡先生のいう情緒そのものを数学のリ
アリティとみなそうとしたのであろうと思います．ところが岡先生は「物理

204

2. 情緒の世界

学者が問題にするようなリアリティは数学には存在しない」と，またしても意表をつく発言で応じました．

計算も論理もない数学

　数学の本質は情緒であるという考えは岡先生に固有のもので，広く知られるようになったのですが，真意は何かというと，だれもわからないというのが本当のところなのではないでしょうか．岡先生のエッセイ集『春宵十話』（昭和38年）の「はしがき」を見ると，「人の中心は情緒である」と，いきなり書き出されています．それからひと呼吸の後に，

　　　数学とはどういうものかというと，自らの情緒を外に表現すること
　　　によって作り出す学問芸術の一つであって，知性の文字板に，欧米
　　　人が数学と呼んでいる形式に表現するものである．（『春宵十話』1頁）

と明記されました．長い期間に及ぶ思索と体験を通じて岡先生が把握した思想ですが，萌芽はすでに学生時代に芽生えていた模様です．岡先生の「日本的情緒」（『春宵十話』所収）というエッセイには，こんなエピソードが紹介されています．

　　　大学三年のときのこと，お昼に教室でべんとうを食べながら同級生
　　　と議論をして，その終わりに私はこういった．「ぼくは計算も論理
　　　もない数学をしてみたいと思っている」すると，傍観していた他の
　　　一人が「ずいぶん変な数学ですなあ」と突然奇声を張り上げた．私
　　　も驚いたが，教室の隣は先生方の食堂になっていたから，かっこう
　　　の話題になったのであろう，あとでさまざまにひやかされた．

　　　　　　　　　　　　　　　　　　　　　　　　　　　　（同78頁）

第 3 章　多変数関数論と情緒の数学

　この話は大学（註．京都帝国大学）3 年生のときの出来事というのですから，卒業を間近に控えた時期（註．岡先生の大学時代は大正 11 年 4 月から大正 14 年 3 月まで．当時の大学の修業年限は 3 年でした）のことになりますが，岡先生の心はこのころすでに数学に向い，しかもその数学というのは，「計算も論理もない数学」という「変な数学」なのでした．この「変な数学」が長い歳月の間に具体化し，「情緒を表現する数学」という，見る者の心をとらえて離さない魅力的な表現を獲得したのでした．

　数学におけるリアリティとは何かという問いをめぐって，小林秀雄との対話が続きます．

　　岡先生：かりにリアリティというものはあるのですけれども，見えてはいないのです．それで探しているわけですね．リアリティというものは，霧に隠れている山の姿だとしますと，それまで霧しかなかったところに山の姿の一部が出てきたら，喜んでいるわけですね．だから唯一のリアリティというものがあって，それをどう解釈するかというふうなことはしていないのです．

　　小林秀雄：唯一と言っては語弊があるが，そういうものがあるわけですね．それを信じなければ，ないわけですね．そうすると，たくさんの解釈はそれに近寄るための手段ですか．いい手段もあれば，まずい手段もあるでしょうが．

　　岡先生：リアリティにいろいろな解釈があって，どれをとるかが問題になったという実例はないと思います．リアリティの解釈が問題になるということは，数学では一度も出会ったことがないでしょう．

　　小林秀雄：物理学者は？

　　岡先生：物理学者はリアリティを問題にしていますね．

　　小林秀雄：それに近づくために，実験をしていますね．証明というものは，間接にしろ直接にしろ，リアリティに近づいていくための

2. 情緒の世界

ものがあるらしい．数学でそれに相当するものは何ですか．

岡先生：物理学者の場合，リアリティというものは，人があると考えている自然というものの本質ということになりますね．それに相当するものは数学にはありません．だから見えない山の姿を少しずつ探していくということですね．ある意味では自然をクリエイトするものの立場に立っているわけです．クリエイトされた自然を解釈する立場には立っていないのです．

小林秀雄：それがあなたのおっしゃる種を蒔くということですか．

岡先生：そうです．ないところへできていく．できていく数学を物理では唯一の正しい解釈をさぐり当てようとする手段として使うのでしょう．例えばアインシュタインはリーマンの論文をそのまま使った．そういうことを数学はしない．無いところへ初めて論文を書くのを認める．だから木にたとえると，種から杉を育てるということになって，杉から取った材木を組み合せてものをつくるということはやりません．

小林秀雄：そうですか．そうすると詩に似ていますな．

（『人間の建設』129 – 131 頁）

物理学者の場合にはリアリティというものは，人があると考えている自然というものの本質ということになると岡先生は指摘して，そのうえで，「それに相当するものは数学にはありません」とまっすぐに言明しました．この発言をはじめて目にしてからすでに 40 年をこえる歳月が流れ，この間，岡先生の論文集を皮切りにオイラーやガウスやアーベルの数学を学んできたのですが，このごろようやく岡先生の心情に共鳴できるようになりました．「理解すること」の本性は「共鳴すること」であろうと思いますが，どれほど深遠な魅力を感じた言葉であっても，真に共鳴するまでにはたいへんな時間を要します．数学的自然はどこかに存在するのではなく，存在すると考え

第 3 章　多変数関数論と情緒の数学

られているのでもなく，「人が創造するのだ」と岡先生は言いたいのです．

数学と詩，数学者と詩人

　岡先生と小林秀雄との対話『人間の建設』からの引用を長々と続けてきたのは，アーベルの「不可能の証明」や「パリの論文」が理解されたりされなかったりする現象を解明したいと思ったからでした．数学は論理的に構築される学問とはいうものの論理学の一領域ではなく，根底には論理をこえた世界が広がっているのではないかと思うのですが，その世界を岡先生とともに「情緒の世界」と呼びたいと思います．そのような世界が本当に存在するのかどうか，実際にはだれにもわかりませんが，アーベルや岡先生の生涯などを思うと，「情緒の世界」に寄せる強固な実在感を前提にして数学という学問の正体を考えたいという心情に駆られます．数学にはそのような不思議な力が備わっていて，数学の魔力の根源を形成しています．

　物理学者は「人が存在すると考えている自然」を想定し，その本質を探求しようとするけれども，そんな「物理的自然」に相当するものは数学にはないと，岡先生はまたしてもきっぱりと言い切りました．物理学者が物理的自然の存在を仮想するのに対し，数学者は「数学的自然」をクリエイトする（創造する）のだというのですが，これを受けて小林秀雄は「そうすると詩に似ていますな」と応じました．以下，詩と詩人の話が続きます．

　　岡先生：似ているのですよ．情緒のなかにあるから出てくるのには
　　違いないが，まだ形に現れていなかったものを形にするのを発見と
　　して認めているわけです．だから森羅万象は数学者によってつくら
　　れていっているのです．詩に近いでしょう．
　　小林秀雄：近いですね．詩人もそういうことをやっているわけです．
　　それはどういうことかと言いますと，言葉というものを，詩人はそ
　　のくらい信用しているという，そのことなのです．言葉の組み合せ

208

とか，発明とか，そういうことで新しい言葉の世界をまたつくり出
している．それがある新しい意味をもつことが価値ですね．それと
同じように数学者は，数というものが言葉ではないのですか．詩人
が言葉に対するような態度で数というものをもっているわけですね．
岡先生：言葉が五十音に基づいてあるとすれば，それに相当するも
のが数ですね．それからつくられたものが言葉ですね．
小林秀雄：新しい数をつくっていくわけですね．
岡先生：数というものがあるから，数学の言葉というものがつくれ
るわけですね． (同131−132頁)

　岡先生の本質は「数学の詩人」であろうと思いますが，数学の詩人が数の
言葉を借りて綴っていくのが数学という学問の姿です．

「証明不能」の証明について

　情緒の数学を語る岡先生の言葉を『人間の建設』から拾ってきましたが，
もう一箇所，岡先生自身による要約のようなおもむきのある言葉を引用して
おきたいと思います．

　　数学史を見ますと，数学は絶えず進んでいくというふうにはなっ
ていません．いま数学でやっていることは，だいたい十九世紀にわ
かって始められたことがまだ続いているという状態です．証明さえ
あれば，人は満足すると信じて疑わない．だから，数学は知的に独
立したものであり得ると信じて疑わなかった．ところが，知には情
を説得する力がない．満足というものは情がするものであるという
例に出会った．そこを考えなおさなければならない時期にきている．
それによって人がどう考えなおすかは，まだこれからの有様を見な
いとわからない．数学がいままで成り立ってきたのは，体系のなか

第3章　多変数関数論と情緒の数学

に矛盾がないということが証明されているためだけではなくて，その体系を各々の数学者の感情が満足していたということがもっと深くにあったのです．初めてそれがわかったのです．　（同148-149頁）

　はっとさせられる指摘がてきぱきと続きます．数学はたえず進んでいくというわけではないという指摘はそのとおりですし，現在の数学はおおむね19世紀の遺産であるという観察もまた正確ですが，数学では証明さえあれば人は満足するという確信が揺らいできたというあたりは検討の余地がありそうです．数学は知的に独立した学問でありうるという考えは，岡先生の没後38年をすぎた今日でも依然として生きているのではないかと思います．これを考えなおすべき時期にさしかかっていると岡先生は言うのですが，『人間の建設』の対話が行われたのが昭和40年ですからすでに半世紀の昔のことになります．数学の世界の状況を見ると，数学基礎論が数学の一領域を占めているのはまちがいありませんが，ゲーデルとコーエンの発見はひとつのエピソードと見られているだけにとどまり，他の領域の数学研究に影響を及ぼしているわけではありません．純粋に論理的な視点に立脚するのであれば，数学を根底から支える論理的土台は存在しそうにないことになったのですから，本来なら数学という学問そのものの存在があやぶまれてしかるべき事態なのですが，この危機感は共有されていません．

　数学は論証の正確さを尊びますが，論理学ではありませんし，何かしら論理を超越したものに支えられているというのが岡先生の考えで，岡先生はその何物かの存在を早くから確信し，しかもその本性は「情緒」なのだと明言しました．数学の根底には「情緒の世界」が広がっているという，岡先生に独自の美しい思想です．

論理主義者たち

　数学の基礎に関心を寄せる人たちの中には，論理主義者というか，数学を

2. 情緒の世界

論理学の一区域に還元しようと望む人びともいることですし，そのような人たちにとってはゲーデルとコーエンの発見はたいへんな衝撃だったに違いありませんが，数学の研究は相も変らず平然と行われています．これはつまり衝撃を受けなかった人たちのほうが大勢を占めていたということで，論理主義の人びとは思いのほか少なかったということなのでしょうか．数学は論理学ではないという確信があれば，ゲーデルとコーエンの発見に痛痒を感じる理由はありませんし，実際のところ，衝撃を受けて数学の姿が大きく変容したなどという現象は皆目見られません．

これはこれでひとつの状勢判断ですが，実は少々不安になって，考え直しました．なぜ不安を覚えたのかというと，数学は純粋に論理的に構築される学問であるという観念もまた広く受け入れられていると思われるからで，それなら数学に心を寄せる人たちは，明確な自覚の有無にかかわらずことごとくみな素朴な論理主義者なのかもしれないと思ったことでした．たぶんそうなのでしょう．数学は「論理を超越した何物か」に支えられていると考える人は実は非常にまれで，数学は論理学ではないという考えが広く共有されているという観察は錯覚なのかもしれません．

ところが，この考えはゲーデルとコーエンの発見により打撃を受けないではいられません．かつて数学は「精密科学」と呼ばれたこともありました．ゲーデルとコーエンの発見は論理の構造を解析して，数学には「証明不能」ということが起こりうることを指摘したのですから，数学の根底はたしかに激震に見舞われたのです．

数学を根底において支えているのは精密な論理であるという認識とゲーデルとコーエンの発見は両立しないはずなのですが，実際には平穏無事な光景が続くばかりで，何事も起りません．まことに矛盾に満ちた現象ですが，そんなふうに見えるのは「数学を根底において支えているものは何だろうか」と問うからですし，もしかしたらこの問いは関心をもたれていないのかもしれません．「リーマン予想」のような大きな未解決問題が実は証明不能など

第3章　多変数関数論と情緒の数学

という事態が判明したなら，数学の基礎の考察はにわかにさしせまった問題になるかもしれませんが，それまでは矛盾を抱えたままの状態で漫然と推移していくのではないかという感じもあります．明確な自覚の伴わない「素朴な論理主義」の立場です．

これに対し，「数学の故郷」を問う岡先生はゲーデルやコーエンが明らかにした事柄の真意を鋭敏に察知して，ここに論理主義の破綻を見たのではないかと思います．岡先生自身は「論理も計算もない数学」をやってみたいと思ったという学生時代からこのかた，長い歳月を通じて一筋に「情緒の数学」を追い求めてきたのですから，数学の基礎を論理そのものに求めたことはありませんでした．したがって論理主義の破綻は岡先生にとっては当然のことで，破綻してしかるべきものが，いよいよ本当に破綻したまでのことにすぎませんでした．そこで岡先生は小林秀雄に対して「知性には感情を説得する力がないということがわかります」と発言し，そのうえでさらに，「はじめからわかっていることなんですが」と言い添えたのでした．

素朴な論理主義が破綻した以上，岡先生のいう「情緒の数学」に耳を傾ける数学者が相次いで現れてもよさそうなところですが，そういうふうにもなりませんでした．数学は相変らずひたすら論理的な学問であり続け，「情緒の数学」はというと，岡先生のみに許された一風変った数学観にとどまっています．そうかといって表立って批判する人が現れたわけではありませんし，論争が起きたわけでもありません．全般に数学の基礎に寄せる関心が薄かったのでしょう．

情緒の世界

岡先生のいう「情緒の数学」はどのようなものなのかということについては，これまでに引用を重ねてきた岡先生の言葉そのものにより，ほぼ明るみに出されたことと思います．半世紀の昔，『人間の建設』をはじめて読んだときは岡先生の言葉が心の表面を素通りするというか，意味がわかりません

2. 情緒の世界

でした．意味がわからないというのは，「情緒の数学」などということを力説する岡先生の心情に共鳴することができなかったということなのですが，今にして思えば，わかるとかわからないということの本質は「共鳴すること」にあります．今でははっきりとそう思いますが，そのこと自体，岡先生に教えられたのでした．

「共鳴すること」は「理解すること」の本質ですが，即座に共鳴するにはいたらないとしても，特定の人物や特定の書物や絵画や音楽になぜかしら心を惹かれ，離れることができなくなってしまうという経験はだれにもあるのではないでしょうか．ぼくの場合には岡先生のエッセイがそうで，たまたま手に取った1冊のエッセイ集を一読してからこのかた，いつまでも心にかかり，理解したい，わかりたいと思い続けました．当初は知的にわかりたいと思い，岡先生の言葉のひとつひとつを理詰めで解釈しようとする心にとらわれていたように思い出されますが，それでは根本的に方向がまちがっているのですから，わかりようがありません．岡先生の言葉を援用すると，情緒の彩りが融合することが「理解する」ことなのであり，知的な理解に割り当てられる役割は補完的です．あくまでも「情」が先で，「知」の働きは補助的なのですが，ただし「知」の支えは必ず必要であることにはくれぐれも留意しておく必要があります．

小林秀雄は岡先生の『春宵十話』を読んで共鳴の予兆を感じたのでしょう．対談の場ではしきりに岡先生の数学観を話題にして，岡先生にみずから数学を語らせようとしました．これは成功し，岡先生は長い思索を通じて手にした「情緒の数学」を小林秀雄を相手にして存分に語り，小林秀雄もまたこれを理解しました．まことに信じがたいことで，奇跡が起ったとしか思えません．晩年の岡先生は小林秀雄のほかにも実に多くの人と対談を行いましたが，豊かな果実が実ったのは小林秀雄との対談だけで，中には完全に破綻したとしか思われない対談もいくつかありました．小林秀雄との対談が成功した理由はただひとつ，小林秀雄が岡先生の数学を話題にしたからでした．

第3章　多変数関数論と情緒の数学

　実際に岡先生の数学論文集を読んだときのとこですが，半年ほど1日も休まずに打ち込み，それからまた再読して大量の勉強ノートが積み重なりました．この体験を通じて受けた衝撃のこともいつか書いておきたいと思いますが，ひとことで言えば，岡先生の論文集は「情緒の数学」というものの具体的な事例です．これは即座にわかりました．数学をどこまでも知的もしくは論理的な学問と見ようとする考えはぼくにもありましたし，目に触れる限りのあれこれの数学の書物を手にとっても例外はありません．ところが岡先生の論文集だけは様子が違いました．当初は数学の本を読みにかかるときの通常の流儀にしたがって，証明の筋道などを丹念に論理的に詰めていこうとしたのですが，それはそれで非常に時間がかかりました．たいていの場合にはこの作業の完了をもって「わかった」ということにするほかはないのですが，岡先生の論文集についてはそうはならず，どこかしら論理をこえた場所に宝物が隠されているかのような予感に襲われて大いに困惑したものでした．この感じは，『人間の建設』や『春宵十話』など，岡先生のエッセイ集を読んで「情緒の数学」の一端に触れたときの気持ちと同じです．

「情緒の数学」と今日の数学

　『春宵十話』をはじめとする一群のエッセイ集において，岡先生は「情緒の数学」を語り続けました．いかにも神秘的な魅力がただよっていて，知的もしくは論理的に詰めていくと，わかったようでもあり，わからないようでもあり，あやふやな状態だったのですが（つまり，わからなかったのですが），心はすっかり惹きつけられてしまいました．それで「情緒の数学」のいかなるものかをわかるようになりたいと強く思い，数学の勉強にも一段と力が入るようになったのですが，ここにひとつ，困った問題が生じました．それは，「情緒の数学」の普遍性に関することなのですが，現実に日々の授業で直面する数学もまた「情緒の数学」なのであろうかという問題でした．

　受験問題なども多種多様で，あれやこれや，さまざまなタイプの問題がそ

214

2. 情緒の世界

ろっていました．解法もまた一筋縄ではいかず，解けたり解けなかったりの状態が長く続きました．首尾よく解けることがあると，なぜ解けたのだろうと不審でした．同じような方針で解きにかかって挫折すると，なぜ解けないのだろうと悩まされました．解けることと解けないことの分れ目が見えなかっために苦しんだのですが，いずれにしてもこんなふうにして問題を解くことが「情緒の数学」と関係があるようには思えませんでした．これを言い換えると，現実に取り組んでいる数学の勉強にはさっぱり興味がもてなかったということです．

通っていた高校（註．桐生高校）の所在地に群馬大学の工学部（註．現在，理工学部）がありましたので，理工系の大学生のための参考書を揃えているミスズヤ書店という本屋があり，数学の専門書が並んでいました．大学1, 2年生あたりを対象として書かれた微積分や線形代数のテキストがほとんどだったように思いますが，放課後になるとよくミスズヤ書店に出向き，あれこれと手にとって頁を繰ったものでした．数学史の書物も読みました．E. T. ベルの『数学をつくった人びと』とか，小堀憲の『大数学者』などを読んだのもこのころです．高木貞治先生の著作『解析概論』は並んでいなかったのですが，書名を認識し，注文を出して手に入れました．箱入りの分厚い大型の本が届いたときは，大いに感動したものでした．高木先生の人と学問を紹介する記事もあちこちで目にして，「類体論」とか「クロネッカーの青春の夢」などという言葉をこのころ覚えました．

こんなふうに日々をすごし，多くの数学書を見物したのですが，「数学とは何か」という問題を論じた書物はありませんでした．「数学の哲学」というたぐいの本はありましたが，その哲学というのは，数学を記述する際の論理構造を分析するということのようで，数学そのものとはやはり無関係のように思われました．こうして見ると，「数学とはかくかくしかじかの学問である」と正面から発言しているのは岡先生だけのようでもあり，そのためにますます岡先生に心が惹かれるとともに，不安もまた高まりました．世界に

第3章　多変数関数論と情緒の数学

も日本にも数学者はたくさんいる．日本の大学にも数学者がいるにちがいない．それなら，数学者たちは数学をどのような学問と見ているのだろうというのが，当時，念頭を離れることのなかった素朴な疑問でした．

3 ―― ガウスの数論

岡潔先生のエッセイを読んだころ

　群馬県の山村の中学校を卒業して桐生市の高校に入学する直前の春休みの2週間ほどの間のことですが，高校で使う教科書が手に入りましたので，これから始まる高校での日々を楽しみに思う気持ちに誘われて，あちらこちらと眺めてすごしました．そのとき，数学の教科書から受けた印象は実に奇妙なもので，今もありありと思い出されます．なぜかというと，数学は何を研究する学問なのか，さっぱり見当がつかなかったからでした．

　物理も化学も生物も地学も，あるいはまた日本と世界の歴史や地理，倫理，英語，国語，漢文，古典などのテキストもまた，数学以外のすべての教科には「対象」がありました．自然科学系の学問でしたら物理的自然（岡先生でしたら「人があると考えている自然」と言うところです）を究明の対象にしているのでしょうし，日本史や世界史や古典などの人文系の学問の対象についてもまた迷いはありません．ですが，数学は何を研究しているのでしょうか．教科書を見る限り，そこに出ているのは，ひとことで言えば数式を変形しているだけのことにすぎず，それがどこまでも続き，意味もわからないうちに最後の頁になってしまいます．それでもひるがえって思えば，世界には数学者と呼ばれる人がいて，数学という学問を研究しているのはまちがいなさそうです．では，数学者たちは何を研究しているのだろうと，素朴な疑問はい

216

つも振り出しにもどってしまうのでした.

高校 1 年の秋 10 月のことですが,岡先生の回想記『春の草——私の生い立ち』(日本経済新聞社,1966 年) を書店で見つけて読みました.新刊書でした.これを皮切りに岡先生のエッセイを読み始めたところ,岡先生は『春宵十話』の序文などで「数学とは何か」という問いに対し,「情緒を表現して創り出す学問である」とただひとことで簡潔に答えていました.実に不思議な言葉ですが,ともあれぼくの疑問に対してひとつの答を提示しているのですし,これにはまったく驚きました.意味合いは判然としなかったのですが,かえってますます数学という学問に神秘感を抱くようになりました.

数学に寄せる関心の始まりはこんなふうでしたので,数学が特に得意だったというわけではなく,受験勉強で取り組む問題におもしろさを感じたこともありません.岡先生のいう「情緒の数学」と現実に接する数学との乖離は広がるばかりでしたし,これにはほとほと悩まされたのですが,数学から心が離れなかったのは「情緒の数学」の魅力がそれだけ強かったということであろうと思います.

この悩みは大学に入学してからも解消しませんでした.微積分や線形代数から始めていろいろな数学を学びましたが,(1 変数の) 複素関数論もガロア理論もルベーグ積分もフーリエ解析も関数解析もトポロジーも微分幾何も確率論も集合論も,それに初等整数論も類体論も,何を勉強しても興味がわきませんでした.当時の印象を大雑把に回想すると,どの理論も要するに数式の変形を繰り返しているだけのことで,「究明の対象」は結局のところ存在しないのではないかと思ったものでした.それでもまた考え直し,「数学の研究対象」はまだ見つからないけれども,存在しないはずはないとも思いました.この堂々巡りから脱却するのはむずかしく,実際に岡先生の論文集を読む日まで続きました.

第3章　多変数関数論と情緒の数学

主観的内容と客観的形式

　大学から大学院に進むと，学術誌に掲載された論文なども読むようになりました．世界には（日本にも）岡先生のほかにも大勢の数学者がいて，「現代数学」の名のもとに大量の論文が生産されていました．その状況は今も変りません．多変数関数論を中心にしてずいぶん多くの論文を読みましたが，数学研究の名のもとにどのようなことが行われているのか，だんだん諸事情が飲み込めてきました．このあたりの消息を語り始めると，これはこれで果てしのないテーマに踏み込んでいくことになりそうですが，全般に「歴史の欠如」という印象を強く受けました．岡先生の未公表のエッセイに「数学に於ける主観的内容と客観的形式とについて」というのがありますが，ここで使われている岡先生の言葉を借用すると，前面に押し出されているのは客観的形式ばかりであり，主観的内容を見かけることはありませんでした．数学の論文は客観的であるべきであるという考えが強く感じられ，主観を持ち込むのは徹底的に忌避されているようでもありました．この趨勢と「歴史の欠如」は無縁ではありません．

　そんなふうですので，数学研究の現場を垣間見る限り，岡先生のいう「情緒の数学」は岡先生の論文集のみに見られる独特の数学観であるという事情が飲み込めるようになり，高校生のころからの疑問に対して何かしら結論めいたものに到達したのですが，ここにいたってひとつの決断を迫られることになりました．それは，数学研究の現場の大勢と岡先生の「情緒の数学」のどちらを選ぶのかという問題です．実際には答は決まっていたのですが，問題が先鋭化してきたのはまちがいありません．

数学の「意味」の消失をめぐって

　岡先生の数学以外の数学はどれもつまらないという話ばかりしてきましたが，どこがどのようにつまらないのか，もう少し具体的に書き留めておくほうがよいかもしれません．高校時代の受験勉強で出会う数学の問題の中には

3. ガウスの数論

非常にむずかしいものもあり，苦しめられたものですが，畢竟すべては数式の変形にすぎないのではないかと，あるときふっと思い当たったことがありました．これでは大雑把すぎるようでもありますが，問題の要求にそのまま応じて計算なり式変形なりを繰り返していけば，たいていの問題はみな解けてしまいます．もっとも実際には「言うは易く，行うは難し」なのですが，原則的にはそのように作られているのですから，解けるのがあたりまえで，解けても別に感動はありません．

大学に入学すると微積分を学びます．微積分の対象は「関数」で，関数概念の導入の後，関数の連続性を論じたり，微分したり積分したりする理論がえんえんと続き，最後に**微積分の基本定理**が登場して一段落します．応用として，平面曲線の概形を描いたり，複雑な形状の領域の面積や体積を算出したりするのですが，さて，微積分とは何だろうかと自問すると，何も答えることができませんでした．教科書を見ても書かれていませんし，そもそもいきなり関数が登場するのがいかにも奇妙です．線形代数などはもっと悲惨で，これこそ正真正銘どこまで行っても式変形ばかりです．

フーリエ解析では「任意の関数」をフーリエ級数に展開する可能性を調べたりしますが，正弦（sin）と余弦（cos）を組み合わせて形成されるフーリエ級数のような無限級数への展開がなぜ問題になるのかという，肝心かなめのところはわかりませんでした．ルベーグ積分では，積分の概念をルベーグ式に定義するとこのようになるという話が続きますが，どうしてそんなふうに定義するのかということの説明はありません．ガロア理論の骨子は「ガロア対応」の理論で，群の縮小系列と体の拡大系列が相互に対応する様子が記述されますが，こうすればこうなるという状況が目に留まるのみにすぎません．応用として，高次の代数方程式の代数的可解性に関するいわゆる「不可能の証明」（アーベルの定理）が行われたりするのですが，アーベルの論文を読むときのような感動はありません．何かしら本質的なものが消失しているのではないかという印象が拭えないところですが，その「消えたもの」こそ

第 3 章　多変数関数論と情緒の数学

が歴史なのだと今では思います．

　こんなふうに挙げていくときりがありませんが，数学の勉強を通じて受ける印象はいつでも同じでした．天下り方式というか，諸概念がいきなり定義された後，かんたんな論証をつないでいって一系の命題を導出していくのですが，なぜそうするのか，という素朴な疑問にいつも直面したものでした．数学は何を研究する学問なのだろうか，というのが高校時代以来の疑問だったのですが，微積分なら関数，ガロア理論なら群と体というように，どの理論でも研究の対象は一番はじめに提示されるものの，それらの出所来歴というか，どこからどのようなわけで持ち出されてきたのか，そこが不明瞭なのでした．

　代数幾何では代数多様体を研究するというのですが，代数多様体を研究するのはどうしてなのでしょうか．岡先生の多変数関数論は「岡・カルタンの理論」という名で呼ばれて，「シュタイン多様体」という高次元の複素多様体を研究するのですが，どこからこのような多様体が出てきたのでしょうか．理論の対象が天下りに提示されるのであれば，引き続く論証は要するに「数式の変形」の繰り返しにすぎないことになりますから，どこまでも平坦な道が続くばかりです．新しい概念が定義されたり，新たに命題が提示されて証明されたなら，それらの意味するところを知りたいと思ったものですが，この願いがかなえられたことはありませんでした．

　こんなわけで何を勉強しても「意味がわからない」という心理状態に陥って気分が晴れなかったのですが，理論を記述する論証そのものは簡単明瞭でした．それで，あるときまたしてもふっと思い当たったのですが，数学の諸概念の定義には「意味」はないのではないかというところに考えが及びました．これはわれながら新発見でした．どの概念にも意味があるに違いないと思うからこそ，見つけ出そうとして探しあぐね，「わかった」と「わからない」の境い目が見分けられずに苦しんだのですが，実はこれはないものねだりだったのでした．数学の概念は，それを記述する文言があるだけで，固有

220

の意味が伴うことはありません．これは欠陥ではなく，むしろ概念規定は「意味」を伴わないように注意深く工夫されているのであり，それがつまり岡先生の言う「数学の抽象化」ということなのではないかと思います．しかもこの趨勢は数学のみに特有の現象ではなく，学問芸術のあらゆる領域でたいへんな勢いで進行しています．

　これ以上考察を進めていくと「ヨーロッパの近代とは何か」という問題に逢着することになりますが，今はこれを避けて数学に立ち返ると，「数学には意味がない」ということにひとたび思いいたったとたんにすべての悩みが払拭されて，あらゆる理論がみな平明になりました．何の意味も伴わない透明な言語で記述された諸概念と，簡単明瞭な論証で紡がれていく諸命題を理解するのはたやすいことでした．数学は急にやさしい学問になったのですが，ここに新たな問題が持ち上がりました．それは，「感動の消失」という一事です．それまでは数学はむずかしいと思いながらないものねだりを続けていました．おもしろくはなかったのですが，存在しないものの探索それ自体の中に学問の魅力の影のようなものが宿っていました．それが，「実は存在しない」と思ったとたんに数学は極端にやさしくなり，同時にうっすらと射していた魅力の影もまた完全に消失したのでした．

デジタルとアナログ

　あれほどむずかしかった数学が急にやさしくなったり，しかも同時に何の魅力も感じられなくなったりするのは奇妙な現象ですが，突発的にそんなふうになったのではなく，背景には岡先生の論文集を読むという出来事がありました．大学院に進んで1年目のときのことで，4月から読み始めて連日ノートを書きながら読みふけり，8月の末あたりまでかかって読了しました．この間，おおよそ半年ほどになりますが，毎日毎日この論文集のことばかりを考えてすごしました．日々の生活に何物かがびっしりと詰まっているような感触がありました．その「何物か」の正体は今ならよくわかるのですが，

第3章　多変数関数論と情緒の数学

「岡先生の数学の情緒」そのものにちがいありません.

　岡先生の論文集はフランス式装幀でしたので，ペーパーナイフでページを切りながら読み進んでいったのですが，それまでにさんざん読んできた数学書とはまったく違う印象を受けました．後年，30 代の後半にさしかかったころのことですが，仏教学者の玉城康四郎先生にお会いしたとき，思索の姿形に関連して「デジタル」と「アナログ」という話をしていただきました．対象を細かく切り刻んで断片を観察してつないでいくのがデジタル式思索．この場合には対象は死んでいて動きません．それに対し，生きて動いている対象の動きに追随して思索していくのがアナログ式だというのでした．岡先生の論文集で経験を積んでいましたので，玉城先生の言わんとするところはすぐに合点がいきました.

　岡先生の論文はひとつひとつの言葉にびっしりと「意味」がつまっていて，言葉が重ねられて文章が紡がれていくにつれて，「意味」が変動していくのです．生命をもって生きて動いている文章ですので，切り刻んでしまうと生命感が失われます．よく読まれている多変数関数論のテキストと照らし合わせて，この文言はこういうことだというふうにあてはめて理解しようとすると，たちまち挫折してしまいます．岡先生の論文には岡先生の生きた情緒が充溢して生きて動いているのですから，ここは断然我執を捨てて，岡先生の情緒の動きに追随していかなければならないところです．当初は思いもよらないことでしたので，一行読んでは行き詰まり，無理に先に進もうとすると空回りするというふうで，大いに困惑したものでした．それまでの勉強の仕方が根本的にまちがっていたのです.

　数学における「意味」とは何かという問題はまだ残っていますが，ひとまず後回しにすることにしますと，数学書の中には「意味」が充満しているものもあるということを，岡先生の論文集のおかげではじめて知りました.

　微積分に事例を求めると，学び始めるとすぐにイプシロン＝デルタ論法というものに出会います．関数の連続性などもこの論法によって記述される

222

のですが，どれほどていねいに教えられてもわかったような気がしないこと
は昔から定評があり，悪評が高く，定着率が極端に低いため，最近の大学で
はもう教えないことにしているところが増えているくらいです．ぼくもかつ
て苦しめられたのですが，たとえば関数の連続性というのであれば，どこか
に「関数の連続性」という観念的な実体が存在して，その姿を描写するのに
イプシロン＝デルタ論法の手を借りるのであろうと考えていました．その
ためイプシロン＝デルタ論法の記述様式に手がかりを求めて連続性の実体
を諒解しようという構えになったのですが，成功したことはなく，「わから
ない」という感情がぬぐえませんでした．

　連続性という観念には実体があると今は思いますが，イプシロン＝デル
タ論法を用いて記述される連続性の概念は連続性の実体への道を開こうとし
て工夫された装置なのではなく，二つの不等式を並べることにより連続性の
観念の一側面を観察しただけのことですから，概念規定の文言がそのまま連
続性のすべてです．ひとたびこのことに気づけばその後の足取りは急に軽く
なり，数学書を読むというのは書かれている言葉をそのままなぞっていくだ
けの単純な作業になりました．どんな本でもみな読めますが，文字と論証を
たどる作業がおもしろいわけはなく，数学の世界の色取りはたちまちあせて
しまいます．岡先生の論文集は正反対ですので，数学とはこのような学問な
のかとはじめて思い，深い感銘を受けたのでした．

古典研究の動機

　岡先生の論文集に衝撃を受けて，数学という学問に対する考え方が落ち着
くべきところに落ち着いたような感覚に包まれて，すっかりうれしくなりま
した．数学は情緒を表現して作る学問芸術であるというのが岡先生の数学観
の基本ですが，数学に心を寄せ始めてまもないころ，そんな岡先生の言葉を
発見して深遠な魅力を感じたのでした．それからずいぶん遠回りをして，曲
折の末に結局のところ岡先生に立ち返り，今度は数学の論文集を読むことに

第 3 章　多変数関数論と情緒の数学

なったのですが，そこは岡先生の情緒のみが色濃く遍在している世界でした．数学はたしかに情緒の表現であり，岡先生の言うとおりでした．

　ただし，問題のすべてが氷解したわけではなく，大きな問題が新たに出現しました．岡先生の論文集以外の数学は「こうすればこうなる」というあたりまえのことがえんえんと続く世界ですから，植物採集や昆虫採集の標本の陳列棚のようなものですが，それなら植物や昆虫の採集を実際に遂行して標本を作製した「だれか」が存在したにちがいありません．その「だれか」はいつ，どこにいたのでしょうか．

　多変数関数論の領域では，岡先生の論文集を踏まえて幾冊かのテキストが書かれていましたので，ひととおり手元に揃えました．それらの根底には岡先生の論文集が存在し，そこには岡先生というひとりの特定の人物の情緒の世界が広がっていました．それなら，岡先生の論文集以外のあれこれの数学についても，岡先生の論文集に相当する何物かがどこかに存在し，そこにはだれかしら岡先生のような特定の個人の情緒の世界が広がっているとは考えられないでしょうか．多変数関数論における岡先生とその論文集のことを考える限り，この想定には確からしい感じがありましたし，またそうでなければ数学という学問が成立するはずはないとも思われました．

　いわば「数学の泉」を見つけたいという強い心情に襲われたのですが，そんな泉は，もし本当に存在するとするならば，歴史の流れの中にしかありえません．そこで多変数関数論における岡先生に相当する人を数学のいろいろな領域で発見し，数学の本質は「情緒の数学」であることを目の当たりにしたいと念願するようになりました．これが古典研究の唯一の動機です．

4 次剰余の理論

　ひとたび気づいてみると，数学の創造はみな「情緒の数学」の事例ばかりのように見えてくるのですが，なかでも特別の位置を占めるのはガウスの数論です．数論におけるガウスの数学的創造の姿形は，岡先生のいう「情緒の

3. ガウスの数論

数学」にあまりにもぴったりとあてはまります.

1795 年の年初, ガウスはまだ 17 歳だったのですが, 今日のいわゆる「平方剰余相互法則の第 1 補充法則」を発見して数論の端緒をつかみました. 続いて平方剰余相互法則の本体と第 2 補充法則も発見し, 証明にも成功しました. 一番はじめの証明は数学的帰納法によるものだったのですが, その後も引き続き努力を重ね, 全部で 8 通りの証明を獲得しました. この間の消息は広く知られているとおりですが, ガウスの数論はそれからどのようになったのかというと,「4 次剰余の理論」へと向いました. 平方剰余相互法則を「次数 2 の相互法則」と見て,「次数 4 の相互法則」を見つけようとする方向に進んだのですが, ガウスはこれをテーマにして「4 次剰余の理論」というタイトルをもつ 2 篇の論文を執筆しました.「第 1 論文」は 1828 年,「第 2 論文」は 1832 年に公表されました.

さて, 特筆大書したいのはここからなのですが, ガウスは 4 次剰余相互法則というものの存在をいつ感知したのかというと, おそらく 1795 年の年初, 平方剰余相互法則の第 1 補充法則を発見した時期にさかのぼります. はっきりと日時を指摘するのはむずかしいのですが, 1801 年に刊行された著作『アリトメチカ研究』には, すでに 4 次剰余の理論に関心を寄せている様子がはっきりと現れています.『アリトメチカ研究』の刊行は 1801 年 9 月. そのときガウスは 24 歳でした.

「感知する」という言い方は本当は少々おかしいのですが, ガウスは 4 次剰余相互法則というものの姿を発見したわけではありませんでしたから, そんなふうに言うしか仕方がないのです. 平方剰余相互法則の場合にはまずはじめに法則を発見し, 続いてその証明に向ったのですが, これは普通のことで, わかりやすい道筋です. ところが 4 次剰余相互法則の場合には具体的な姿がなく, ガウスはただ単に, 何かしら 4 次剰余相互法則と呼ぶのに相応しいものが存在するにちがいないと思っただけのことでした. 後年の 2 論文には 4 次剰余相互法則とその二つの補充法則が記述されていて, 補充法則につ

第 3 章　多変数関数論と情緒の数学

いては証明が書かれているものの 4 次剰余相互法則の本体は証明が欠如しています.

　証明どころか，法則を発見するまでに 30 年をこえる歳月を要したのですが，実際のところ，そんな法則が本当に存在するのかどうか，だれもわかりません．ガウスは存在を確信し，だからこそ 30 年以上もの間，探索を続けることができたのですが，存在を保証するものは何もありません．あるともないとも何もわからないものの探索を，ガウスはどうして続けることができたのでしょうか.

無から有を生む（第 1 の例）

　ガウスは平方剰余相互法則の証明に成功した最初の人物ですが，単に証明して正しさを確認したというだけではなく，長い時間をかけて 8 通りもの証明を考案しました．数学的帰納法のよる証明もあれば，初等的な証明もありますが，2 次形式の種の理論に基づく証明や円周等分方程式論の「ガウスの和」の数値決定に支えられた証明，それに高次合同式の考察から取り出された証明など，神秘的な印象の伴う証明が並んでいます.

　ガウスはどうしていろいろな証明を考案したのか，今では明瞭にわかります．ガウスの真のねらいは 4 次剰余相互法則にあり，平方剰余相互法則の証明を支える基本原理の中に，4 次の場合にも通用するものを見出だしたいと念願していたと見てまちがいありません．ただし，4 次の相互法則というものが前もって見つかっていたわけではありません．平方剰余相互法則の場合には二つの補充法則とともに法則それ自体はあらかじめ見つかっていて，ガウスは証明を工夫したのですが，4 次剰余相互法則についてはただ，その存在に寄せるガウスの確信があるばかりでした.

　ガウスの全集にはさまざまな遺稿が収録されていますが，数論の領域では 3 次と 4 次の相互法則を探索する様子が際立っています．いっそう高次の相互法則の存在も感知していた様子さえうかがわれるのですが，次数を 3 と 4

に限定して，具体的な姿を明るみに出そうと努力を続けていたのでしょう．ここでまた繰り返し強調しておきたいのですが，若い日のガウスが感知したのは「存在の予感」のみであり，はたして本当に存在するのかどうか，存在するとしたらどのような形になるのか，ガウス本人も何もわからないというのが実情でした．ガウスは一方では具体的な姿形の探索を続けるとともに，他方では，まだ見つかってもいない法則の証明を模索していたことになります．まったく不思議な話ですが，ガウスの心の中では矛盾せずに同居していたのでしょう．

　ガウスが平方剰余相互法則の第 1 補充法則を発見したのは 1795 年．4 次剰余に関する第 2 論文が公表されたのは 1832 年．この間，実に 37 年という歳月が流れています．しかも公表されたのは 4 次の相互法則の形だけで，補充法則については証明も遂行されたものの，相互法則の本体の証明は書かれていませんでした．ただし，実際にはガウスの証明は相当に進捗していたようで，証明のスケッチを記述した遺稿があるのですが，正しい証明です．平方剰余相互法則の証明のひとつが鍵になっていることも，深い興味を誘われます．もうひとつ，ガウスは 3 次の相互法則も追求していたのですが，これについては断片的なメモが遺されているだけで，まとまりのある記事はありません．

　証明は欠如していたものの，4 次の相互法則が発見されて公表されたという事実は非常に重く，ガウスを継承する意志をもつ人びとのための貴重な遺産になりました．ヤコビ，ディリクレ，クロネッカー，クンマー，ヒルベルト等々，19 世紀のドイツの数論史を彩る偉大な数学者たちの名前が次々と心に浮かびます．優に 100 年をこえる雄大な歴史が形成されたのですが，この歴史を開いたのは，ありやなきやをどこまでも追い求めた 37 年に及ぶガウスの思索でした．ひとりガウスのみが存在することを確信した何物かが，37 年の歳月を経て本当に姿を現しました．これを「情緒の数学」の発現と言わずして，どのように評したらよいのでしょうか．

第 3 章　多変数関数論と情緒の数学

　「無」から「有」が生れたと言うのも可，ガウスの天才の発露と言うのも可．ではありますが，「無」も「天才」も，それ自体の中には数学は存在せず，ただ「生成する力」のみが宿っています．ガウスの数論は岡先生のいう「情緒の数学」のあまりにもめざましい事例です．

ガウスの数論と「情緒の数学」

　ガウスの数論ほどの大掛かりな事例を目にすることはめったにありませんが，ひとつでもこのような例がある以上，「情緒の数学史」の構想は十分に成立するのではないかと思います．

　ガウスの数論の諸論文をはじめて読んだのは，すでに四半世紀より前のことになります．

　ガウスの数論の全体が 17 歳のときの発見に始まることは，『アリトメチカ研究』の序文を読んで知りました．この著作の第 7 章の円周等分方程式論は代数の一領域のように見えたのですが，ガウスは序文の末尾でわざわざこの論点に言及して，見かけはそうかもしれないが，根本に横たわる原理は数論なのだと説明していました．その意味は，平方剰余相互法則のひとつの証明がそこから取り出されるということなのですが，このようなところにも驚嘆するばかりでした．ガウスがこのようなことを述べているとは，実際に『アリトメチカ研究』を読むまでは思いもよらないことでした．古典はやはり自分の目で読むのがたいせつで，うわさ話などどれほど蒐集しても思索の糧にはならないのです．

　『アリトメチカ研究』の第 7 章の書き出しのところにレムニスケート積分が書かれているのを見たときも仰天し，驚愕するばかりでした．そこには高次合同式の理論を語る数語も添えられているのですが，たとえばレムニスケート積分の考察の中から 4 次剰余の相互法則の証明が取り出されることを，ガウスはすでに見通していたことがわかります．少し後にアイゼンシュタインがこれを実際に遂行しました．

3. ガウスの数論

　ガウスの情緒が描き出した数論的世界には,

　　さまざまな次数の合同式
　　相互法則（平方剰余相互法則, 4次剰余相互法則, …）
　　代数方程式論（代数学の基本定理,「不可能の証明」, 円周等分方程式論, …）
　　超越関数（円関数, 楕円関数, 超幾何関数, …）

のように, 一見して無関係のように見えるあれこれの領域が渾然と融合しています. 幾度でも回想したいのは, この世界はガウスひとりの心に描き出されたのであり, ガウス以外のだれの想像も及ぶところではなかったという一事です. ガウスの継承者たちがガウスの世界を少しずつ具体化し, いろいろな理論を作りました. 理論ができてしまえば, それらはつまり「普通の数学」ですから, だれでもたやすく理解することができて, 普遍性に似た雰囲気がおのずと備わってきます. 幾人もの「小さなガウス」が次々と現れて, よってたかってガウスの世界を作り上げたようにも見えますが,「小さなガウスたち」はガウスのまわりに蝟集（いしゅう）したのですから, ガウスがいなければ存在する余地はありえません.

　できあがった数学の理論体系にはたしかに普遍性があり, かんたんな論証を積み重ねていくだけでだれでも理解できますが, 生れる前の数学,「未生（みしょう）の数学」はあくまでも特定の個人の心に芽生えるのであり, そこには知的もしくは論理的な普遍性は見られません.

　このようなわけで, はじめてガウスの数論の世界に参入したときはただただ驚くばかりに終始して, 岡先生のいう「情緒の数学」の大きな事例になっていることを洞察するにはいたりませんでした. 岡先生の論文集を通じて「情緒の数学」のいかなるものかを知り, その認識がガウスの数論と結びついたのは実はつい最近のことで, 気づいたときのうれしさは格別でした. 岡先生の言う「発見の鋭い喜び」（『春宵十話』より）に通じるかのような喜び

229

第 3 章　多変数関数論と情緒の数学

があり，これで数学史が書けるという確信を抱くこともできました．

4 ── レムニスケート曲線の発見

等時曲線

　ガウスの数論における 4 次剰余相互法則の発見の経緯に事寄せて，岡先生のいう「情緒の数学」を語ってみましたが，レムニスケート曲線の発見の経緯も小さな事例になるかもしれません．楕円関数論の黎明期にレムニスケート曲線が主役を演じたことは既述のとおりです．積分法を適用してレムニスケート曲線の弧長を測定するとレムニスケート積分と呼ばれる第 1 種楕円積分が現れるのですが，ではレムニスケート曲線はどこからやってきたのでしょうか．前にファニャノのレムニスケート積分論とオイラーの微分方程式論を語った際には（第 2 章第 4 節「レムニスケート曲線とレムニスケート積分」参照），この問題には立ち入らなかったのですが，楕円関数論のはじまりということを考えていくうえで重要な論点でもあることですし，簡単に紹介しておきたいと思います．

　微積分の黎明期に注目を集めた話題のひとつに等時曲線があります．サイクロイドを重力の作用する方向に下向きに描き，その上の任意の点に質点を配置すると，重力の作用によりサイクロイドに沿って降下していきますが，最下点に達するのに要する時間は最初の質点の位置にかかわらずつねに一定です．これがサイクロイドの等時性で，ホイヘンスの名とともに語られることの多い周知の現象です．ライプニッツが微分計算と積分計算のアイデアを公表したのはそれぞれ 1684 年と 1686 年のことですが，それからほどなくして 1689 年 4 月の『学術論叢』に掲載された論文では等時曲線が論じられま

4. レムニスケート曲線の発見

した．そこにはホイヘンスの名も見られるのですが，それはそれとして括目に値するのは「もうひとつの等時曲線（aliam isochronam）」が語られているという事実です．

イソクロナ・パラケントリカ（側心等時曲線）

　重力が作用する方向に沿って無限平面を想定し，その平面上に曲線が描かれているとします．重力の作用する方向と垂直に一本の水平線を引き，描かれた曲線上のどこかに質点を配置するとき，その質点は重力の作用により水平線に向って一様に近づいていくか，あるいはまた一様に遠ざかっていくという状況を想定してみます．「一様に」というのは，配置された質点の最初の位置からの距離が時間に比例するということを意味します．このような属性を備えた曲線を見つけることをライプニッツが提示したところ，即座にこれに応じたのはベルヌーイ兄弟（兄のヤコブと弟のヨハン）でした．

　ヨハンの全集（全4巻）の第3巻に収録されている積分法の講義録の表紙を見ると，「1691年，1692年」という年が記入されています．パリにおもむいたヨハンがロピタル公爵の招聘に応じて行った講義の記録ですが，第34章に「イソクロナ・パラケントリカ（側心等時曲線）」の一語が見られ，しかもそれが満たすべき微分方程式

$$(xdx + ydy)\sqrt{y} = (xdy - ydx)\sqrt{a} \quad (\text{a は正の定数})$$

も書かれています．ヨハンはライプニッツのいう「もうひとつの等時曲線」を「側心等時曲線」と呼んだのです．

　この微分方程式に逆接線法を適用して側心等時曲線を復元することをめざし，ヤコブは1694年6月の『学術論叢』に掲載された論文において変数変換

$$y = \frac{tz}{a}, \; x = \frac{t\sqrt{a^2 - z^2}}{a}$$

231

第 3 章　多変数関数論と情緒の数学

を提示しました．これによってヨハンの微分方程式は変数が分離されて

$$\frac{dr}{\sqrt{ar}} = \frac{adz}{\sqrt{az(a^2 - z^2)}}$$

という形になりますが，右辺の微分式においてさらに $z = \dfrac{u^2}{a}$ と変数変換を重ねると，

$$\frac{2adu}{\sqrt{a^4 - u^4}}$$

と変形されて，レムニスケート曲線の線素を与える代数的微分式が現れます．ですが，ヤコブはレムニスケート曲線を知っていたわけではなく，かえってレムニスケート曲線を発見したのでした．ここのところがガウスと 4 次剰余相互法則との関係にとてもよく似ています．

レムニスケート曲線の発見

　側心等時曲線の探索を続けるヤコブの目には，上記の代数的微分式の姿が何らかの代数曲線の線素のように映じたのでしょう．はたしてこの予想は的中し，レムニスケート曲線

$$x^2 + y^2 = a\sqrt{x^2 - y^2}$$

が発見されました（線素を表す微分式は $\dfrac{a^2 du}{\sqrt{a^4 - u^4}}$ ですので，上記の微分式 $\dfrac{2adu}{\sqrt{a^4 - u^4}}$ とは定数が少しだけ異なっています）．ヤコブは 1694 年 9 月の『学術論叢』においてこれを報告し，この曲線を「リボンの結び目」「数字の 8 の字の形」「結び目でもつれたひも」「lemniscus（レムニスクス）」などと呼びました．エーゲ海北部のレムノス島ではリボンを使って髪飾りを固定する風習があり，そこからリボンを意味する lemniskos（レムニスコス）という言葉が生れたのですが，このギリシア語のラテン語形がレムニスクスです．

232

4. レムニスケート曲線の発見

　こうして側心等時曲線の探索はレムニスケート曲線の弧長測定に帰着されました．ヨハンもまたヤコブとは独立に，1箇月後の1694年10月の『学術論叢』に論文を寄せて同じレムニスケート曲線の発見を報告しています．このベルヌーイ兄弟の発見を受けて，ファニャノは「レムニスケートよりもいっそうかんたんな何かある他の曲線を媒介としてレムニスケートを作図」（142 - 145頁参照）しようとする試みへと誘われたのですが，この思索は結実し，レムニスケート曲線の弧長測定を楕円と双曲線の弧長測定に帰着させる変数変換が発見されました．しかもそればかりではなく，これは偶然の産物だったのですが，レムニスケート積分を同じレムニスケート積分に移す変数変換も見つかりました．その思いがけない発見がオイラーの手にわたり，楕円積分の加法定理の発見へといたる道筋は第2章で詳述したとおりです．

無から有を生む（第2の例）

　ヤコブは微分方程式を解こうとして，まず変数分離型の方程式に変換し，そこからなお一歩を進めてレムニスケート曲線の線素と同じ形の微分式に移りました．さてここからがいかにも神秘的な印象を禁じえないところなのですが，微分式 $\dfrac{2a\,du}{\sqrt{a^4 - u^4}}$ を見たヤコブは（ヨハンもまた）どうしてこれを何らかの曲線の線素と確信することができたのでしょうか．よほどの根拠がなければ追い求めるのはむずかしいのではないかと思いますが，不思議なのはその根拠です．はっきりとした理由はわかりませんが，「この微分式の背後に曲線が存在する」とヤコブが（それにヨハンも）信じたのはまちがいなく，実際にその確信からレムニスケート曲線が生れました．

　岡先生の言葉を借りれば，ヤコブとヨハンのそれぞれの情緒が表現されてレムニスケート曲線が作り出されたと言えるのではないかと思いますが，それなら「無から有が生れた」ということにほかなりません．4次剰余相互法則の全容を明るみに出すことに成功したガウスのように優に30年をこえる歳月を要したわけではありませんが，事の本質においてガウスの場合と同じ

233

第 3 章　多変数関数論と情緒の数学

気配が感じられます.

5 ─── ハルトークスの逆問題からリーマンの定理へ

ハルトークスの逆問題の回想

　最後に晩年の岡先生の数学的思索の姿について多少とも語っておきたいと思います. 岡先生が 33 歳のときのことですが, 岡先生はこの年, すなわち昭和 9 年 (1934 年) に刊行されたばかりのベンケとトゥルレンの小さな著作『多複素変数関数の理論』を入手し, ここに手がかりを求めて新たな数学研究の構想を描きました. 「新たな」というのは, 岡先生はそれまで洋行先のフランスで始めた「ハルトークスの集合」の研究を帰国後も継続し, 学位論文を執筆する考えで取り組んでいたのですが, それをすっかり放棄してしまったということを意味します. 来るべき研究の構想のスケッチが書かれた 1 枚の紙片が遺されていますが, そこには「1934 年 12 月 28 日」という日付が記入されています.

　翌昭和 10 年の年初から思索を始め, 日付入りのノートを書きながら歩を進めていきました. この時期の目標は「ハルトークスの逆問題」を解決することで, 実に雄大な構想を描いたのですが, この問題を解決する場所として設定されたのは「内分岐点をもたない領域」でした. ハルトークスの逆問題というのはドイツの数学者ハルトークスが発見した「ハルトークスの連続性定理」の逆が成立するのではないかということを問う問題です. 当時も今も数学には流行があり, 日本の数学者の大勢はドイツやフランスなど, ヨーロッパ各国の大学で研究されている課題に向っていたのですが, 多変数関数論はヨーロッパにも研究する人が非常に少なく, 日本には岡先生のほかには

234

5. ハルトークスの逆問題からリーマンの定理へ

ひとりもいなかったのではないかと思います.

　岡先生には独自の見識があり, この領域を開拓しなければ数学の将来は開けないというほどの強固な確信をもって取り組む決意を新たにしたのですが, 勢いのおもむくところ孤高の研究生活を強いられることになりました. そのうえハルトークスの逆問題というのは岡先生がハルトークスの研究を受けて独自に創造した問題なのですから, 岡先生を取り巻く社会的環境のきびしさも, 数学的思索を進める道すがらいたるところで遭遇する大小さまざまな困難も, みなこぞって岡先生を苦しめました. ハルトークスの逆問題は, フェルマの大定理やポアンカレ予想やリーマン予想などのようにすでに知られていた未解決の難問というのではなく, あくまでも岡先生の心が創造 (クリエイト) した問題であること, 言い換えると, この問題それ自体がすでに岡先生に固有の情緒の表現であったことを, ここでくれぐれも強調しておきたいと思います.

　昭和10年にはじまる研究は昭和15年の時点で大きな実を結びました. 岡先生は「関数の第2種融合法」というハルトークスの逆問題の解決の鍵を発見し, 有限でしかも単葉な領域という限定のもとでのことですが, そのような領域においてハルトークスの逆問題を解決することができました. 昭和16年秋には連作「多変数解析関数について」の第6番目になる論文「擬凸状領域」を執筆し, 解決の具体相を報告しました. ここまでが岡先生の多変数関数論研究の前期です.

　第6論文は東北帝国大学の藤原松三郎先生のお世話を受けて, 10月25日付で『東北数学雑誌』に受理されました. それから岡先生は北大で勤務するために札幌に移ったのですが, ハルトークスの逆問題に解決のめどがついたころからすでにその先の研究の姿を思い描いていた模様です. それは「内分岐領域の理論」のことで, 具体的には内分岐領域, すなわち分岐点を内点として包含する領域においてハルトークスの逆問題を解くことがめざされました. 本格的な思索は札幌で始まりました.

第3章　多変数関数論と情緒の数学

岡潔先生と多変数関数論

　昭和 16 年の秋の岡先生は満 40 歳．札幌で始まった後期の研究はずいぶん長く続きました．何年何月までときっかり指摘することはできませんが，遺された研究ノートの日付を追うと，一番最後に記入された日付は昭和 41 年（1966 年）の大晦日の 12 月 31 日です．昭和 16 年の秋から数えると，この間に 25 年の歳月が流れています．

　後期の研究は成功にいたらず，ハルトークスの逆問題を内分岐領域において解くことはできなかったのですが，第 7 番目と第 8 番目に数えられる 2 篇の論文ができあがりました．第 7 論文では「不定域イデアル」の理論が展開され，第 8 論文では不定域イデアルの理論の力により内分岐領域において「上空移行の原理」が確立されました．これはハルトークスの逆問題の解決のための手段で，第 8 論文のタイトルは「基本的な補助的命題」というのですから，次はこの補助的命題を使って「主定理」の証明をめざすべきところですが，岡先生の研究はここから先には進みませんでした．

　第 9 番目と第 10 番目の論文もありますが，第 9 論文のテーマは「内分岐点をもたない有限領域におけるハルトークスの逆問題の解決」ですから，内容は第 6 論文の続きです．ただし，この間に不定域イデアルの理論ができていますので，証明の手法は格段に洗練されました．第 10 論文では，ハルトークスの逆問題を追求する一連の研究とは別種のテーマが取り上げられています．

　後期の多変数関数論研究に費やされた 25 年という歳月は，相互法則を追い求めたガウスの 37 年の連想を誘います．ガウスは 4 次の相互法則の形を発見するところまで進みましたが，その先は継承者たちの手にゆだねられました．岡先生は上空移行の原理を確立することはできましたが，頂上への登攀にはいたりませんでした．ガウスと岡先生に共通して認められるのは，二人とも「自分ひとりの思索の世界」を構築したという一事です．高次の相互

法則が存在して，しかも超越関数の諸性質と関連があることを洞察するとか（ガウス），内分岐領域においてハルトークスの逆問題の解決をめざすとか（岡先生），どちらもはたして本当に達成されるのかどうか，だれもわかりません．まちがいなく実在したのはただガウスと岡先生の確信のみでした．確信には知的な根拠はありません．

　ガウスの場合には4次剰余相互法則に先立って平方剰余相互法則の証明の成功という著しい成果があり，しかも8通りもの異なる証明を獲得することもできました．それらの証明の中には2次形式の理論や円周等分方程式論のような異質の原理に支えられているものがあり，そのような証明が成立すること自体，驚嘆に値しますが，これもまたガウスの情緒の現れです．しかもガウスの心情の目はいっそう遠い地点にまで及び，平方剰余相互法則を発見したころからすでに高次の相互法則の世界を展望していました．岡先生の場合には「内分岐領域におけるハルトークスの逆問題」の解決の試みに先立って，「内分岐しない領域におけるハルトークスの逆問題」の成功という出来事がありました．この前期の研究もまた岡先生の情緒の現れですが，岡先生は情緒の世界にさらに奥深く分け入って，内分岐領域に及ぼうとしたのでした．

　論理的な根拠を欠く確信が本当に数学を生むという，いかにも神秘的な印象の伴う数学の創造の場に，ガウスと岡先生は時空を隔てて立ち会いました．しかもすべてが心のままに実現したのではなく，できなかったこともありました．ガウスと岡先生はあらゆる点で酷似しています．

岡先生の遺稿「リーマンの定理」

　岡先生の没後，研究記録や日記やエッセイや連句など，大量の書き物が遺されました．大半を占めるのは研究記録で，ほぼすべてに日付が記入されているおかげで，日々の思索の変遷が手に取るように伝わってきます．論文の草稿もあり，しかも何度も書き直されていますので，思索の足跡をたどるうえで実に貴重な文献です．日記は生活の記録ですが，岡先生の生活というの

第3章　多変数関数論と情緒の数学

は「数学研究の中の生活」ですから，毎日の数学研究と切り離すことはできません．エッセイと連句は種類が豊富です．連句といってもだれかと連句を巻くというのではなく，「ひとり連句」というか，岡先生は自分で自分に句をつけています．これらの文書群をすべてコピーしたところ，全部でおおよそ14000枚ほどに達しました．

　晩年の研究記録はほぼすべて内分岐領域をめぐって書かれていますが，60代に入ったころから「リーマンの定理」という題目の記録が出現します．岡先生の遺稿は岡家の離れの建物に保管されていたのですが，「リーマンの定理」を見つけたときは深遠な感動に襲われてしばらく言葉がありませんでした．

　「リーマンの定理」は13個の大型封筒に入れて積み重ねられていました．第1の封筒には，封筒の表紙に

　　Riemann の定理　其の一

と書かれ，中には66枚の研究記録が入っています．日付もあり，昭和36年（1961年）の大晦日の12月31日から翌昭和37年1月30日に及んでいます．前期の研究も昭和9年の年末ぎりぎりの時点で構想がスケッチされ，年明け早々から本格的な研究が始まったのですが，このようなところは「リーマンの定理」の場合もよく似ています．

リーマンのように

　岡先生は第三高等学校の生徒のころ，田邊元が翻訳して岩波書店から刊行されたポアンカレのエッセイ『科学の価値』を読み，リーマンの数学を語るクラインの言葉に接して感激したことがあります．ポアンカレが語ろうとしたのはリーマン自身というよりもクラインのことで，クラインはリーマンが（1変数の）代数関数論の基礎にした「ディリクレの原理」を体感しようとして物理的な説明を工夫したのですが，そこに注意を喚起したところにポアン

5. ハルトークスの逆問題からリーマンの定理へ

カレの文章の意図がありました．岡先生はクラインの考案にも感心したとは思いますが，いっそう深遠な興味を感じたのはリーマンその人に対してでした．

　三高から京都帝国大学に進んだ岡先生は丸善でクラインの全集を購入し，リーマンの代数関数論を論じた著作に読みふけることもあり，将来はリーマンの続きをやるのだという数学の夢を心に描きました．それからの道筋は平坦とはいえず，数学の研究の場でも曲折があり，ようやくハルトークスの逆問題というテーマを創造することができたときには33歳になっていました．

　ハルトークスの逆問題の究明期も大きく変遷し，前期と後期に二分され，後期の研究はとうとう完成にいたらなかったのはこれまでに語ってきたとおりですが，後期の研究のそのまた最後の時期になって現れたのは，三高時代にさかのぼる「リーマンの定理」でした．岡先生のいう「リーマンの定理」の数学的内容はどうも判然としないのですが，多変数の代数関数論をめざしていることだけは明瞭に伝わってきます．リーマンがディリクレの原理の土台の上に築いたのは1変数の代数関数論．岡先生が企図したのは多変数の代数関数論．後期の内分岐領域研究の意図もこれではっきりとわかります．内分岐領域の理論は多変数の代数関数論のための基礎理論と見られるからです．このような数学的構造もまたリーマンにならっているのですから，ハルトークスの逆問題から「リーマンの定理」へと続く岡先生の数学的思索の全体が，そのままリーマンの継承になっているのでした．

　こうしてみると岡先生の数学研究の進むべき道は，三高の生徒のときにすでに定まっていたように思います．三高時代というと10代の終りかけの時期のことになりますが，それならガウスの場合と同じです．「青春の夢」というか，10代の後半にさしかかるころには，人生の方向を決めてしまう何かしら特別の出来事がさりげなく生起するものなのかもしれず，数学者のひとりひとりの生涯を回想するとそんな事例があちこちで目に留まります．

　岡先生の「リーマンの定理」の研究記録を収録した13個の大型封筒の話

第 3 章　多変数関数論と情緒の数学

にもどると，最後の 13 番目の封筒には 31 枚の紙片が入っています．これは
昭和 39 年（1964 年）8 月 20 日に書き起されて 9 月 22 日まで書かれたので
すが，これとは別に，同年 8 月 9 日の日付で微分方程式の研究記録が書かれ
ています．研究の記録なのですが，第 11 番目の論文のような体裁になって
いて，表紙にフランス語で

> *Sur les fonctions analytiques*
> 　　*de plusieurs variables*
> 　*- Lemme*
> *sur les équations différentielles*
> *aux derivées partielles*
> 　Par
> 　Kiyoshi Oka
> 　1964. 8. 9（日）
> 　其の一
> （多変数解析函数について――偏微分方程式に関する補助的命題
> 　岡潔　1964. 8. 9（日）　其の一）

と記されています．本文は「其の一」と「其の二」に分れ，「其の一」には
12 枚の紙片が所属しています．
　『春宵十話』の第 10 話「自然に従う」を見ると，

> いま私は十一番目の論文にさしかかっている．　　（『春宵十話』52 頁）

という言葉が目に留まります．エッセイ集『春宵十話』は昭和 38 年のはじ
めに単行本の形で刊行されましたが，毎日新聞紙上に連載されたのは前年の
4 月でした．したがって岡先生の発言中の「いま」というのはその時期あた

240

りを指すのですが，昭和39年8月9日付の1枚の表紙には岡先生の幻の第11論文の影が射しています．

「自然に従う」をもう少し先まで読むと，こんな言葉に出会います．

自分でいま考えている研究目標は，あと十五年あれば一応できると思うが，私ももう数え年で六十二歳だから，あと十年ぐらいはやれるけれどもそれ以上はあやしい．本当はバトンを次の人に渡すところまでやりたいが，渡すことができずにたおれても，それでもいいじゃないかと思う．

漱石先生が「明暗」を書きながらたおれたのも，それでいい．「雪の松折れ口みればなお白し」といった気持ちである．芭蕉がこの句を作ったとき，彼の意識には一門の運命が去来していたのではなかったか．そう考えれば「なお」の意味がよくわかるように思われる．数学史を見ても，生きてバトンを渡すことはまずない．数学は時代を隔てて学ぶのだと思う． (同52-53頁)

岡先生が晩年の心情を托した一句「雪の松折れ口みればなお白し」は蕉門の俳諧七部集のひとつ『炭俵』に出ている歌仙の発句です．ただし作者は芭蕉本人ではなく，お弟子の杉風です．

主問題の創造

岡先生と小林秀雄との対話『人間の建設』にもどると，「問題を創る」という話に目が留まります．

小林秀雄：すると，岡さんの若いときに発見なさった理論は，一貫して続いているわけですね．

241

第3章　多変数関数論と情緒の数学

岡先生：そうです．フランスへ行きましたのが一九二九年から一九三二年，そのころまでは数学のなかのどの土地を開拓するかということはきまっていなかったのです．フランスに三年おりました間に，その土地をきめた．土地を選んだということは，私に合った数学というものがわかっておったのでしょうね．そこまでいくと，はっきりした形では言えませんが，以後三十年余りその同じ土地の開拓をやっているわけです．

小林秀雄：それはどういうことですか．

岡先生：その当時出てきていた主要な問題をだいたい解決してしまって，次にはどういうことを目標にやってくかという，いまはその時期にさしかかっている．次の主問題となるものをつくっていこうとしているわけです．

小林秀雄：今度は問題を出すほうですね．

岡先生：出すほうです．立場が変るのです．中心になる問題がまだできていないというむつかしさがあるのです．

（『人間の建設』75 - 76 頁）

　岡先生の数学研究が語られるとき，よく「未解決の三つの問題を解いた」と説明されるのですが，これは正しいとも言えますし，的が外れているとも言える評言です．ここに引いた岡先生の言葉を見ると，岡先生は「当時出てきていた主要な問題をだいたい解決した」と自分で語っていますし，別のエッセイでは，当時の主要な問題というのは三つの問題の作る峨々たる山脈であるとも書いています．そのためか，多変数関数論には未解決の三個の問題というのが明確に提示されていて，岡先生はそれらを解決したのだと理解されがちなのですが，もとはといえば岡先生自身がそのように語っているのですから，まちがいとは言えません．そのうえ岡先生が出発点にしたベンケとトゥルレンの著作を見ると，そこにはたしかに岡先生のいう三つの未解決

5. ハルトークスの逆問題からリーマンの定理へ

問題が出ています．ただし，不定方程式 $x^n + y^n = z^n$ の可解性に関する
フェルマの大定理やゼータ関数 $\zeta(s)$ の零点の分布に関するリーマンの予想
のようにまぎれようのない形で提示されているわけではありません．

　未解決の三問題というのは，「クザンの問題」「近似の問題」，それに「レ
ビの問題」のことを指しています．ぼく自身の体験を回想すると，岡先生の
論文集を読む前に多変数関数論のテキストを何冊か集めて読んでいたのです
が，その時期には通説を信じていましたので，岡先生のいう未解決の三問題
とはどんな問題なのだろうと興味をそそられたものでした．ですが，どうい
うわけか，わかったようなわからないような状況がいつまでも続き，岡先生
はいったい何を解明したのだろうという素朴な疑問はいつまでも消えません
でした．この疑問は結局のところ，岡先生の論文集を読むことによりたちま
ち氷解したのですが，岡先生自身の説明の仕方も簡略すぎてあまり適切では
なかったのではないかと思います．

　岡先生の論文集を読んだ後で岡先生自身の説明にもう一度耳を傾けると，
今度は別の光景が目に映じるようになりました．岡先生は「三つの問題の作
る峨々たる山脈」という言い方をしているのですが，三つの問題は実は無関
係ではありません．それどころか中核に位置する問題はただひとつで，それ
がハルトークスの逆問題なのですが，岡先生はこの問題を解くための道を開
こうとして，クザンの問題と近似の問題の解決をめざしたのでした．

　こんなふうにして通説に対する疑問は解決したのですが，岡先生の論文集
を読んだために新たな問題が発生しました．それは中心問題の呼称のことで，
岡先生は「レビの問題」を解いたということになっていたにもかかわらず，
岡先生の論文のどこを見ても「レビの問題」という言葉は見あたらず，目に
映じるのはどこまでも「ハルトークスの逆問題」ばかりでした．「レビの問
題」を解いたからというので高い評価を受けている当の本人はこの言葉を決
して使用せず，それどころか「ハルトークスの逆問題」という，世界でただ
ひとり岡先生だけしか使わない言葉にはじめて出会いました．まったく不思

第3章　多変数関数論と情緒の数学

議な光景でした.

レビの問題の回想

「レビの問題」のレビはイタリアの数学者で，ハルトークスを継承して多変数関数論の研究に向い，未解決の課題を遺したまま第1次世界大戦の渦中に戦没しました. 岡先生が参照したベンケとトゥルレンの著作を見るとレビの研究を紹介する箇所があり，そこにはたしかにレビが提示して，しかもレビ自身は解決することのできなかった問題が記録されています. そこでその問題は「レビの問題」と呼ばれているのですが，岡先生自身もベンケとトゥルレンの著作に出ている三つの未解決問題を解いたと言っていますし，そのうえそのひとつは実際にレビが提出した「レビの問題」なのですから，岡先生は「レビの問題」を解決したと指摘したからといってまちがっているとはとても思えません. 多変数関数論のすべてのテキストにそのように書かれていますし，内外の数学者のエッセイや解説などを参照しても「岡はレビの問題を解いた」と明記されています. ただひとつ，岡先生の論文集だけが例外でした.

　岡先生はどんなふうにして「レビの問題」を解決したのだろうと思い，興味津々で読み進めていったのですが，実際に眼前に現れたのは「ハルトークスの逆問題」という，それまでに見たことも聞いたこともない不思議な名の問題でした. どうしてそのように呼ぶのかという説明があるわけでもなく，岡先生は

　　擬凸状の領域は正則領域だろうか.

という問題を立てて，これを「ハルトークスの逆問題」と呼んでいるのですが，この問題は岡先生の論文集以外のすべてのテキストで「レビの問題」と呼ばれている問題そのものです.

244

5. ハルトークスの逆問題からリーマンの定理へ

あらためて考え直してみると,「擬凸状の領域」という基本中の基本概念にも不可解なところがありました.「レビの問題」というくらいですから,レビは当然この概念を認識していたと思われるところですし,多変数関数論のテキストにはたしかに擬凸状領域を定義する文言が出ていて,そこにはほとんどいつでも参考文献としてレビの論文が挙げられているのですが,わかったようなわからないような感じで,いったいどのような領域を指して擬凸状領域と呼んでいるのか,いつも判然としませんでした.

こんな疑問を解消してくれたのも岡先生の論文集でした.擬凸状領域の定義は第4番目と第6番目の論文に出ていますし,第9番目の論文には異なる3通りもの様式で擬凸状領域の定義が記されているのですが,結局のところ,擬凸状領域の概念をはじめて提案したのは岡先生その人であることがありありと感知されました.

もっとも何も兆候のないところにいきなりこのような概念を持ち出したのではなく,滑らかな超曲面で囲まれた領域というような特別のタイプの領域については擬凸状の概念はすでに提示されていて,提案したのはだれなのかというと,それがレビでした.レビはハルトークスの研究の延長線上で多変数関数論を探求した人ですから,出発点は「ハルトークスの連続性定理」です.したがってレビが提案した擬凸状領域の概念にはハルトークスの連続性定理が反映し,「滑らかな超曲面で囲まれた領域」に対してその連続性定理をあてはめると,正則領域であるために満たすべき条件が出てきます.それは必要条件なのですが,そのうえでさらにレビは逆向きの問題を提起しました.バンクとトゥルレンの著作にはその情景が描かれていて,そこにレビの問題が書き留められました.

ハルトークスの逆問題の創造

「ハルトークスの逆問題」の創造にあたり,岡先生がレビの研究を参考にしたことはまちがいのない事実です.後年,河合良一郎先生にうかがったこ

第3章 多変数関数論と情緒の数学

とですが，岡先生に「どうして多変数関数論を研究しようとしたのですか」
とお尋ねしたところ，岡先生は，「それはレビがあったからだ．レビの研究
があったから，できると思った」と言下に答えたということです．問題の性
格から見て岡先生の言葉のとおりと思います．レビにはたしかに擬凸状領域
の概念があり，正則領域は擬凸状であることを示すことができたうえに，解
決することはできなかったとはいうものの逆問題さえ提案しました．非常に
特殊な状況に限定されていたのですが，ともあれ全体の構造を眺めるとハル
トークスの逆問題と同じです．

　このような次第ですので，岡先生のハルトークスの逆問題がレビの影響を
受けていることに疑いをはさむ余地はないのですが，それでもなおハルトー
クスの逆問題はレビの問題ではありません．レビはハルトークスの連続性定
理に足場を定めて一連の思索を続け，レビの問題に到達したのですが，岡先
生もまたハルトークスに立ち返り，ハルトークスの連続性定理そのものから
擬凸状領域の概念を抽出しました．擬凸状領域の概念を創造したのは岡先生
であり，ハルトークスの逆問題を創造したのも岡先生．そのハルトークスの
逆問題を解決したのもやっぱり岡先生なのでした．このようなことは岡先生
の論文集を読んではじめてわかったことで，他のどんな本を見てもわかりま
せんでした．

　レビの問題はハルトークスの逆問題の雛形ではあってもハルトークスの逆
問題そのものではありませんから，岡先生としてはハルトークスの逆問題と
呼ぶのが当然で，レビの問題という呼称を採用するわけにはいきません．で
はありますが，雛形は雛形でも，岡先生の目には「ハルトークスの逆問題が
ここに芽生えている」と映じたのでしょう．そこで岡先生は，自分が取り組
んだ未解決問題がベンケとトゥルレンの本に出ていると言ったのであろうと
推定されるのですが，そのように言う資格があるのはただひとり岡先生があ
るのみであり，ハルトークスの逆問題はあくまでも岡先生が創造した問題で
あることをくれぐれも忘れてはならないと思います．

246

5. ハルトークスの逆問題からリーマンの定理へ

　ヨーロッパの数学者は岡先生によるハルトークスの逆問題とその解決を見て，レビの問題の解決と考えたようで，「岡はレビの問題を解決した」と言い続けて今日にいたっています．ヨーロッパにはヨーロッパの数学がありますから，ヨーロッパの数学者たちにはそのように呼びたい事情があったのであろうと思います．

数学の歴史的性格について

　岡先生は内分岐点をもたない領域でハルトークスの逆問題の解決に成功し（前期の研究），そのことを指して，岡先生は「その当時出てきていた主要な問題をだいたい解決」してしまったと，小林秀雄に語りました．内分岐領域では道半ばで行き詰まりました（後期の研究）が，成功した前期の研究の全体と，後期の研究のうち，事がうまく運んだところまでが集大成されて今日の多変数関数論の基盤が形成され，内外で何冊かのテキストも現れました．ぼくも手に入れて読んでいたのですが，テキストにはできあがったところまでしか書かれていないのですから，岡先生の研究が途中で放棄されたとは知る由もないことで，岡先生自身の論文集を読んではじめて諸事情が明らかになりました．岡先生は小林秀雄に向って「次にはどういうことを目標にやっていくかという，いまはその時期にさしかかっている」と現状を語り，「次の主問題となるものをつくっていこうとしている」けれども「中心になる問題がまだできていない」と困難の所在を率直に指摘しました．

　岡先生の論文集は多変数関数論という数学の一領域の古典中の古典です．古典という言葉は「一番はじめに書かれたもの」というほどの意味で使っているのですが，古典を読まなければわからないことというのはたしかにあります．理論の生命は古典，すなわち「その理論の一番はじめの著作」には充満していますが，それから先は次第に消えていきます．どんな理論にも「一番はじめに創造した人」が必ずいて，そこに充満している「理論のいのち」は，「一番はじめの人の情緒」です．数学がわかるとかわからないという現

247

第 3 章　多変数関数論と情緒の数学

象の内実は知的でも論理的でもなく,「一番はじめの人」の数学的意図に共
感することができるか否かに左右されるのではないかと思います. 岡先生の
論文集に教えられて, 数学という学問をこんなふうに理解するようになりま
した.

　このようなわけですので岡先生の論文集は多変数関数論の領域で「一番は
じめに読んだ古典」になったのですが, この体験がきっかけになって古典を
読むことのおもしろさと重要さに気づきました. それまでは数学がわかると
いうのはどのようなことなのかという疑問につきまとわれて, 何を勉強して
も「わかった」という確信がもてなかったのですが, この肝心なところが
はっきりと諒解されました.「一番はじめの作品」を読まなければ, わかる
ということもなければわからないということもありません. 数学を学ぶには
古典を読むほかはなく, しかもそれ以外に道はありません. 数学の本を読む
ときは数式の変形を追ったり論証を細かく詰めていったりする作業を強いら
れるのですが, 気づいてみれば単純でかんたんなものばかりです. そこから
何かしら意味を汲もうとすると行き詰まってしまうのですが, 実はそこには
「意味」はないことに思いいたれば困難は消失します. ただし, どんなに大
量の本を読んでも感動は伴いません.

　岡先生の論文集にはもうひとつ教えられたことがあります. それは,「数
学は決して完成しない」ということで, 岡先生自身の体験がその事実をあり
ありと物語っています. たとえ内分岐領域においてハルトークスの逆問題が
解けたとしても, そこからまた新たな光景が展望されるのですから, 終点に
到達したわけではありません. ガウスの数論の場合にも同様の状況が観察さ
れましたが, このあたりの消息は数学という学問の歴史的性格を明示してい
ます. 数学は継承者が現れてはじめて数学になるのであり, 継承者が途絶え
れば忘れられてしまいます. 数学を歴史と切り離すことができないのはこの
ような事情があるからですが, 岡先生はこのあたりの消息を「バトンを渡
す」という言葉で言い表してします (241 頁参照).

248

5. ハルトークスの逆問題からリーマンの定理へ

　岡先生の数学研究を回想するとまさしく「情緒の数学」の範例になっていますが，もうひとつ，ガウスの数論もまた「情緒の数学」以外の何物でもありません．岡先生の多変数関数論とガウスの数論は西欧近代の 400 年の数学史の流れに屹立する高峰ですが，ひとたび気づいて顧みれば，「情緒の数学」の事例はここかしこに現れています．ベルヌーイ兄弟によるレムニスケート曲線の発見もそのひとつです．そこで「情緒の数学」の系譜をたどっていけば，「情緒の数学史」がおのずと成立しそうです．この構想を現在の時点での結論と見て，実際に「情緒の数学史」の叙述を試みることがこれからの課題になるのではないかと思います．

数学者紹介

デカルト（ルネ・デカルト，René Descartes．1596 年 3 月 31 日–1650 年 2 月 11 日）

　フランスの哲学者，数学者．西欧近代の数学の始祖．『方法序説』（1637 年）において「われ思う，ゆえにわれあり」という，全学問を支える根本原理の発見を語り，それを数学に適用して代数学を基礎とする新しい幾何学を展開した．パップスの『数学集録』を乗り越えようと試みて，西欧近代の数学における「曲線の理論」の始祖になった．

フェルマ（ピエール・ド・フェルマ，Pierre de Fermat．1607 年末または 1608 年はじめ–1665 年 1 月 12 日）

　フランスの数学者．ディオファントスの著作と伝えられる『アリトメチカ』のラテン語訳を読んで 48 個のメモを書き，西欧近代の数論の始祖になった．曲線の理論ではデカルトのライバルである．デカルトは幾何学に導入するべき曲線とは何かという問いを考察して代数曲線の範疇を定めたが，フェルマはそのようなことに拘泥せず，たとえばサイクロイドのような超越的曲線を取り上げて接線を引くことに成功した．

ライプニッツ（ゴットフリート・ヴィルヘルム・ライプニッツ，Gottfried Wilhelm Leibniz．1646 年 7 月 1 日–1716 年 11 月 14 日）

　ドイツの哲学者，数学者．デカルトとフェルマの系譜を継ぎ，2 扁の論文「分数量にも無理量にもさまたげられることのない極大・極小ならびに接線を求めるための新しい方法」（1684 年），「深い場所に秘められた幾何学，および不可分量と無限の解析について」（1686 年）により「曲線の理論」を完成の域に高めることに成功した．

251

数学者紹介

ヤコブ・ベルヌーイ（Jakob Bernoulli. 1654 年 12 月 27 日–1705 年 8 月 16 日）

スイスのバーゼルに生れる．微積分の誕生を告げるライプニッツの 2 論文に魅了され，12 歳下の弟のヨハンと協力して解明をめざして尽力した．

ヨハン・ベルヌーイ（Johann Bernoulli. 1667 年 7 月 27 日–1748 年 1 月 1 日）

スイスのバーゼルに生れる．12 歳年長の兄のヤコブとともにライプニッツの無限解析の解明を志した．ベルヌーイ兄弟がライプニッツと交わした大量の往復書簡は今日の微積分の泉である．

ファニャノ（ジュリオ・カルロ・ファニャノ・デイ・トスキ，Giulio Carlo Fagnano dei Toschi. 1682 年 12 月 6 日–1766 年 9 月 26 日）

数学を愛好するイタリアの貴族（伯爵）．1750 年，『全数学論文集』（全 2 巻）刊行．レムニスケート積分をレムニスケート積分に移す変数変換を発見し，オイラーの微分方程式論に大きな影響を及ぼした．

オイラー（レオンハルト・オイラー，Leonhard Euler. 1707 年 4 月 15 日–1783 年 9 月 18 日）

スイスのバーゼルに生れた．数学の師匠はヨハン・ベルヌーイである．数論の場でフェルマが発見した言明のいくつかに証明を与えることに成功し，数論の泉を形成した．また，ニュートンの力学の再編成をめざし，微分方程式論を中心とする無限解析の構築をめざした．

ラグランジュ（ジョゼフ＝ルイ・ラグランジュ，Joseph-Louis Lagrange. 1736 年 1 月 25 日–1813 年 4 月 10 日）

サルディニア王国の首都トリノ（現在，イタリアの都市）に生れた．オイラーの業績を忠実に継承したが，継承の仕方に大きな創意が認められる．オイラーとともに 18 世紀の数学を創った人物である．

数学者紹介

ルジャンドル（アドリアン＝マリ・ルジャンドル，Adrien-Marie Legendre．1752 年 9 月 18 日–1833 年 1 月 10 日）

　フランスの数学者．数論と楕円関数論の領域でオイラーとラグランジュの遺産の集大成をめざし，大きな著作を書いた．

フーリエ（ジャン・バティスト・ジョゼフ・フーリエ，Jean Baptiste Joseph Fourier．1768 年 3 月 21 日–1830 年 5 月 16 日）

　フランスの数学者．著作『熱の解析的理論』において「完全に任意の関数」をフーリエ級数により表示することができると宣言し，フーリエ解析の始祖になった．

ガウス（ヨハン・カール・フリードリヒ・ガウス，Johann Carl Friedrich Gauss．1777 年 4 月 30 日–1855 年 2 月 23 日）

　ドイツの数学者．1801 年，24 歳のとき『アリトメチカ研究』を刊行し，代数方程式論と楕円関数論が交錯する数論的世界を構築した．オイラーとともに西欧近代の数学の柱となった人物である．

クレルレ（アウグスト・レオポルト・クレルレ，August Leopold Crelle．1780 年 3 月 11 日–1855 年 10 月 6 日）

　プロイセンの政府高官．鉄道技官．1826 年，『クレルレの数学誌』を創刊した．アーベルの人を愛し，学問を理解して支援を惜しまなかった．

コーシー（オーギュスタン＝ルイ・コーシー，Augustin-Louis Cauchy．1789 年 8 月 21 日–1857 年 5 月 23 日）

　フランスの数学者．極限の概念の基礎の上に「関数の微積分」の理論体系を整備した．複素積分の「コーシーの定理」を発見して複素変数関数論の基礎を開拓し，正則関数の概念に到達した．

253

数学者紹介

アーベル（ニールス・ヘンリック・アーベル，Niels Henrik Abel．1802 年 8 月 5 日– 1829 年 4 月 6 日）

　ノルウェーの数学者．代数方程式論と楕円関数論の場でガウスの遺産を継承し，「不可能の証明」に成功した．また，アーベル方程式の概念を発見した．アーベル積分の研究では一般的な加法定理を発見し，オイラーを越える地平を開いた．

ヤコビ（カール・グスタフ・ヤコブ・ヤコビ，Carl Gustav Jacob Jacobi．1804 年 12 月 10 日–1851 年 2 月 18 日）

　ドイツの数学者．当初は楕円関数論の場でアーベルのライバルになったが，早世したアーベルのアーベル積分論に深く共鳴し，アーベルの加法定理の中からヤコビの逆問題を取り出した．

ディリクレ（ヨハン・ペーター・グスタフ・ルジューヌ・ディリクレ，Johann Peter Gustav Lejeune Dirichlet．1805 年 2 月 13 日–1859 年 5 月 5 日）

　ドイツの数学者．フランスで学び，帰国してベルリンとゲッチンゲンの大学の教授になった．パリでアーベルに会ったことがあり，帰国してヤコビと親しくなった．フーリエを継承してフーリエ級数の収束性を論じ，ガウスを継承してゲッチンゲンで数論を講義し，デデキントの代数的整数論の構築を誘った．

ガロア（エヴァリスト・ガロア，Évariste Galois．1811 年 10 月 25 日–1832 年 5 月 31 日）

　フランスの数学者．代数方程式の代数的可解性を保証する条件を探索し，その過程を通じて今日のガロア理論の枠組みを組み立てた．決闘に応じて 20 歳で死去．決闘の前夜，数学研究の日々を回想し，友人に宛てて名高い書簡を遺した．

ヴァイエルシュトラス（カール・テオドール・ヴィルヘルム・ヴァイエルシュトラス，Karl Theodor Wilhelm Weierstrass．1815 年 10 月 31 日–1897 年 2 月 19 日）

　ドイツの数学者．リーマンとは別のアイデアに基づいて複素 1 変数関数論の基礎理論を構築し，ヤコビの逆問題の解決をめざした．ベルリン大学の教授になり，

講義を通じて近代数学の形成に大きな影響を及ぼした．実解析の基礎の確立に寄与するとともに，多複素変数関数論への道を指し示した．

アイゼンシュタイン（フェルディナント・ゴットホルト・マックス・アイゼンシュタイン，Ferdinand Gotthold Max Eisenstein．1823 年 4 月 16 日-1852 年 10 月 11 日）

ドイツの数学者．ヴァイエルシュトラスやリーマンとは別のアイデアにより楕円関数論の構築をめざした．レムニスケート関数の理論に基づいて 3 次と 4 次の冪剰余相互法則の証明に成功し，ガウスに高く評価された稀有の人物になった．

クロネッカー（レオポルト・クロネッカー，Leopold Kronecker．1823 年 12 月 7 日-1891 年 12 月 29 日）

ドイツの数学者．アーベルの書簡に残された断片に示唆を得て，限定された係数域をもつアーベル方程式の構成問題を提示し，代数方程式論と楕円関数論が交錯する世界を開示した．ここから取り出された「クロネッカーの青春の夢」を生涯にわたって追い求め，ヒルベルトによる「第 12 問題」の造形を誘った．

リーマン（ゲオルク・フリードリッヒ・ベルンハルト・リーマン，Georg Friedrich Bernhard Riemann．1826 年 9 月 17 日-1859 年 7 月 20 日）

ドイツの数学者．ヤコビの逆問題の解決をめざし，そのための基礎理論として「面」の概念を基礎とする独自の複素変数関数論を構築した．素数の分布状況にも関心を寄せ，ゼータ関数の零点の位置に関する「リーマンの予想」を残した．

デデキント（ユリウス　ヴィルヘルム・リヒャルト・デデキント，Jullus Wilhelm Richard Dedekind．1831 年 10 月 6 日-1916 年 2 月 12 日）

ドイツの数学者．リーマンと同時期にゲッチンゲン大学に在籍し，ガウスの指導を受けて学位を取得した．リーマンの没後，ハインリッヒ・ウェーバーとともにリーマンの全集を編纂し，その際，リーマンの伝記を書いた．代数的整数論の枠組みの構築，「デデキントの切断」のアイデアに基づく実数論の構成などを手掛

数学者紹介

け，20世紀の抽象数学の先駆者になった．

クライン（フェリックス・クリスティアン・クライン，Felix Christian Klein．1849年4月25日-1925年6月22日）

　ドイツの数学者．群論による幾何学の統一をめざす「エルランゲン・プログラム」を提唱したことで知られている．リーマンを憧憬してアーベル関数論を研究し，ワイルに影響を及ぼした．ヒルベルトとともにゲッチンゲン大学の数学研究の中心になった人物である．

ポアンカレ（ジュール＝アンリ・ポアンカレ，Jules-Henri Poincare．1854年4月29日-1912年7月17日）

　フランスの数学者．「数学的発見とは何か」という問いに深い関心を寄せ，みずからの発見に基づいて考察を重ねた．数学の諸領域に足跡を残し，19世紀後半期から20世紀はじめにかけて，ヒルベルトとともに西欧近代の数学を支える2本の柱となった．

ヒルベルト（ダフィット・ヒルベルト，David Hilbert．1862年1月23日-1943年2月14日）

　ドイツの数学者．ガウスに始まるドイツの数論史を概観して「数論報告」を執筆するとともに，将来を展望して類体論の構想を描写した．1900年，パリで開催された国際数学者会議で「数学の将来の問題について」という講演を行い，23個の問題を提示した．第12番目の問題は「クロネッカーの青春の夢」の行く手を展望するもので，今も未解決である．

ハルトークス（フリードリヒ・モーリッツ・ハルトークス，Friedrich Moritz Hartogs．1874年5月20日-1943年8月18日）

　生地はベルギーのブリュッセルだが，ドイツのミュンヘンで数学を学んだ．多複素変数の解析関数の特異点集合の特異な形状に着目して「ハルトークスの連続

性定理」を発見し，多変数関数論の開拓者になった．

E.E. レビ（エウジェニオ・エリア・レビ，Eugenio Elia Levi．1883 年 10 月 18 日–1917 年 10 月 28 日）

　イタリアの数学者．ハルトークスの発見から出発してなお一歩を進め，多複素変数解析関数の本質的特異点の集合に対しても連続性定理が成立することを示した．連続性定理の逆向きの命題の成否を問う「レビの問題」を提示し，後年の岡潔の思索を誘った．

高木貞治（たかぎ・ていじ．1875 年〈明治 8 年〉4 月 21 日–1960 年〈昭和 35 年〉年 2 月 28 日）

　生地は岐阜県本巣市．菊池大麓，藤澤利喜太郎に継ぐ日本で 3 人目の大学の数学教授．ゲッチンゲンでヒルベルトのもとで学び，ヒルベルトの類体論のアイデアを具体化し，「クロネッカーの青春の夢」の解決に成功した．

ワイル（ヘルマン・クラウス・フーゴー・ワイル，Hermann Klaus Hugo Weyl．1885 年 11 月 9 日–1955 年 12 月 8 日）

　ドイツの数学者．ゲッチンゲン大学に学ぶ．リーマンのアーベル関数論の再構成を企図し，リーマンが提示した「面」のアイデアを著作『リーマン面のイデー』（1913 年）において複素 1 次元の複素多様体として描写した．この試みは今日の複素多様体論の礎石になった．

岡潔（おか・きよし．1901 年〈明治 34 年〉4 月 19 日–1978 年〈昭和 53 年〉3 月 1 日）

　大阪の島町で生れたが，父祖の地の和歌山県紀見村，大阪の壺屋町，兵庫県の打出と移って幼少期をすごした．フランスに留学してガストン・ジュリアに学ぶ．ハルトークスと E.E. レビの研究に示唆を得て「ハルトークスの逆問題」を造形し，長期にわたって解決に向けて専念した．多変数関数論の形成の場におけるもっとも有力な担い手である．

数学者紹介

ヴェイユ（アンドレ・ヴェイユ，Andre Weil．1906 年 5 月 6 日–1998 年 8 月 6 日）

　フランスの数学者．アンリ・カルタンたちと協力してブルバキを創立した．不定解析に代数幾何学の手法を適用するとともに，ガウスの『数学日記』に取材して「ヴェイユの予想」を造形し，20 世紀の数学の形成にあたって大きな影響を及ぼした．

参考文献

■ 第 1 章

高木貞治『定本 解析概論』(岩波書店, 平成 22 年)

> 初版は『解析概論 微分積分法及初等函數論』という書名で昭和 13 年 (1938 年) 5
> 月 10 日付で岩波書店から刊行されました. 昭和 18 年 (1943 年) 7 月 15 日, 第 2 版
> 『増訂 解析概論 微分積分法及初等函數論』発行. 昭和 36 年 (1961 年) 5 月 27 日,
> 第 3 版『解析概論 改訂第三版』発行.『定本 解析概論』は平成 22 年 (2010 年) 9 月
> 15 日付で第 1 刷が発行されました. 初版が刊行されてから本年 (平成 29 年) で 79
> 年になりますが, この間, 一貫して日本における微積分のテキストの範型であり続け
> ています.

杉浦光夫『解析入門 I』(東京大学出版会, 昭和 55 年)

杉浦光夫『解析入門 II』(東京大学出版会, 昭和 60 年)

> 全 2 巻の浩瀚な微積分のテキスト. 高木貞治先生の『解析概論』の現代化をひとつの
> 目標として執筆されました. フェルマがサイクロイドの接線を引くことに成功したこ
> とや, 「コーシー列」の概念の初出はコーシー全集, 第 2 系列, 第 7 巻の 267 頁であ
> ることなど, 歴史への関心が随所に現れています. そのようなところも『解析概論』
> に通じます.

高木貞治『新式算術講義』(ちくま学芸文庫M & S, 平成 20 年)

> 「数とは何か」という問いに対して独自の解答を試みた作品です. 著者が 29 歳のとき
> の著作で, 後年の『解析概論』への序章のような性格を備えています.

高木貞治『復刻版 近世数学史談・数学雑談』(共立出版, 平成 8 年)

> 『近世数学史談』と『数学雑談』の合本. 前者は近代数学史の傑作で, 刊行以来半世
> 紀ののちの今も広く読み継がれています. わけてもガウスとアーベルの数学と人生の
> 叙述に特色があります.

高瀬正仁『dx と dy の解析学 オイラーに学ぶ [増補版]』(日本評論社, 平成 25 年)

> 平成 12 年 (2000 年) 10 月 10 日, 初版刊行. コーシー以前の微積分の姿をありのま
> まに見ようという思いを込めて執筆しました. 平成 27 年 3 月 19 日, 微分方程式の章
> を加筆して増補版が刊行されました.

参考文献

高瀬正仁『無限解析のはじまり　わたしのオイラー』（ちくま学芸文庫Ｍ＆Ｓ，平成 21
　　　年）
　　　オイラーの無限解析，数論，複素解析にテーマを求め，原典を典拠として紹介しました．
高瀬正仁『微分積分学の史的展開　ライプニッツから高木貞治まで』（講談社，平成 27 年）
　　　デカルトに始まる「曲線の理論」が，ライプニッツ，ベルヌーイ兄弟，オイラー，
　　　コーシー，ディリクレ，フーリエなどの人びとの手を経て，今日の解析学へと変容し
　　　ていく経緯を語りました．
高瀬正仁『微分積分学の誕生』（SB クリエイティブ，平成 27 年）
　　　デカルトの「曲線の理論」を詳しく再現し，ライプニッツ「万能の接線法」の誕生に
　　　つながる道筋を再現しました．
コーシー『解析教程』（訳：西村重人，監訳：高瀬正仁．みみずく舎，平成 23 年）
　　　コーシーの著作『王立理工科学校の解析教程　第一部代数解析』の翻訳書．
デーデキント『数について　連続性と数の本質』（訳：河野伊三郎，岩波文庫，昭和 36 年）
　　　「有理数の切断」のアイデアに基づいて実数の概念が提示され，「実数の連続性」が主
　　　張されました．

■第 2 章
ヘルマン・ワイル『リーマン面』（訳：田村二郎，岩波書店，昭和 49 年）
　　　リーマンが提案したリーマン面の概念を複素 1 次元の複素多様体と把握して，その土
　　　台の上にリーマンのアーベル関数論の再構築を試みました．
アーリルド・ストゥーブハウグ『アーベルとその時代』（訳：願化孝志，丸善出版，平成 24 年）
　　　詳細なアーベル伝．著者はアーベルと同じノルウェーの伝記作家．アーベルのほかに
　　　ソーフス・リー，ミッタク＝レフラーの伝記を書いています．
『アーベル／ガロア楕円関数論』（訳：高瀬正仁，朝倉書店，平成 10 年）
　　　アーベルの楕円関数論，超楕円関数論，アーベル関数論に関する諸論文とガロアの遺
　　　書を訳出しました．
高瀬正仁『アーベル（前編）　不可能の証明へ』（双書「大数学者の数学」11，現代数学社，
　　　平成 26 年）
　　　代数方程式論におけるアーベルの「不可能の証明」を目標として，代数方程式論の歴
　　　史を叙述しました．
高瀬正仁『アーベル（後編）　楕円関数論への道』（双書「大数学者の数学」16，現代数
　　　学社，平成 28 年）

参考文献

ファニャノのレムニスケート積分論とオイラーの微分方程式論にさかのぼり，アーベルの楕円関数論の形成史を叙述し，虚数乗法論へと向う道筋を明示しました．

高瀬正仁『リーマンと代数関数論 西欧近代の数学の結節点』（東京大学出版会，平成 28 年）
本書の第 3 部で紹介した楕円関数論の先に開かれていくのはアーベル関数論です．アーベル関数論は代数関数論と同じですが，オイラー，ルジャンドル，アーベル，ヤコビ，ヴァイエルシュトラス，リーマンとその形成史をたどり，岡潔先生の晩年の遺稿「リーマンの定理」の紹介に及びました．

■第 3 章

岡潔『春宵十話』（毎日新聞社，昭和 38 年）
岡潔先生の第一エッセイ集．数学研究の日々の回想録です．

岡潔，小林秀雄『人間の建設』（新潮社，昭和 40 年）
小林秀雄の言葉に誘われて，岡先生が自由に数学観を語っています．

高瀬正仁『評伝岡潔 星の章』（海鳴社，平成 15 年）

高瀬正仁『評伝岡潔 花の章』（海鳴社，平成 16 年）
岡潔先生の評伝 3 部作の第 1 作と第 2 作．幼年期のあれこれから説き起こし，数学研究が一段落するまでの時期が回想されています．

高瀬正仁『岡潔 数学の詩人』（岩波書店，平成 20 年）
数学研究の姿の紹介に重点を置いて，岡先生の生涯を叙述しました．

高瀬正仁『岡潔とその時代 I 正法眼蔵〈評伝岡潔 虹の章〉』（みみずく舎，平成 25 年）

高瀬正仁『岡潔とその時代 II 龍神温泉の旅〈評伝岡潔 虹の章〉』（みみずく舎，平成 25 年）
岡潔先生の評伝 3 部作の第 3 作．小林秀雄，石井勲，胡蘭成，保田與重郎などとの晩年の交友録の再現をめざしました．

高瀬正仁『紀見峠を越えて 岡潔の時代の数学の回想』（萬書房，平成 26 年）
魂をもって書いた作品です．岡潔先生が亡くなって 3 年後の昭和 56 年 4 月 5 日，岡先生の祖父の地の和歌山県紀見峠にはじめて足を運び，岡先生の人生と学問について考えながら峠を越えましたが，そのときの体験が結晶して『紀見峠を越えて』ができました．ほかにいくつかの文章を合わせて一冊の著作を編みました．

落穂拾い ―― ゴローさんへの手紙 （あとがきにかえて）

　数学における発見にはいろいろなタイプがありますが，数学という学問を真に豊饒にする力があるのは「無から有を生む」発見です．ごくまれにしか見られないことで，奇跡のような現象ですが，ときおり目にするたびに，数学は人がクリエイトする（創造する）学問であることをしみじみと感じます．

　本書のあとがきにかえて，友人のゴローさんに宛てて書いた手紙をここに写しておきたいと思います．

【ゴローさんへの手紙 ―― 岡潔先生の「情緒の数学」をめぐって】

　コメントを寄せていただきましてありがとうございました．何年か前に岡潔先生の評伝を2冊（註．『評伝岡潔　星の章』，『評伝岡潔　花の章』．『星の章』は平成15年，『花の章』は平成16年に海鳴社から刊行されました）まで刊行し，続いて第3巻の執筆を企図したのですが，日の目を見ないまま日々がすぎました．第3巻の基本テーマは岡先生の晩年の交友録なのですが，小林秀雄は重要な登場人物のひとりですので，対話篇『人間の建設』を中心に据えて岡先生との交友ぶりを再現したいと願っています．本欄で続行中の「情緒の数学史」はそのための土台構築の作業でもあります（註．平成25年，『評伝岡潔　虹の章』〈全2巻〉がみみづく舎から刊行されました．正確な書名は『岡潔とその時代Ⅰ　正法眼蔵〈評伝岡潔　虹の章〉』と『岡潔とその時代Ⅱ　龍神温泉の旅〈評伝岡潔　虹の章〉』です）．

　小林秀雄は岡先生の語る「情緒の数学」に深い関心を示し，共鳴し，的確な質問を重ねて岡先生の真実の声を聴き出そうとしています．まったく恐るべき対談です．

落穂拾い——ゴローさんへの手紙

　数学の根底には「情緒の世界」が広々と広がっていて，数学はその世界から生れるのだというのが，岡先生の提唱する「情緒の数学」であろうと思います．情緒の世界には形のある数学は存在しませんが，無限の可能性が遍在する世界ですし，あらゆる形態に変容する可能性ばかりが充満しています．岡先生のいう情緒はまるで万能細胞のようで，千変万化，あらゆる形に変容しうる可能性を備えています．数学で「形」といえば，言葉で表明された概念の定義や，証明の対象となる定理や，論理的に構築された大小さまざまな理論体系など，すなわちぼくらが普通「数学」という名で呼んでいる学問を指しています．その「普通の数学」はどこから生れてきたのだろうというのが岡先生の問い掛けですが，岡先生はみずから問い，みずから「情緒の世界から」と答えました．このような根源的な問いを問い，答えることさえできるのは尋常のことではなく，数学の創造に直接携わり，寄与することのできた人だけに許される特権であろうと思います．

　岡先生の「情緒の数学」に感銘を受けたころからすでに50年になりますが，この間，一貫して念願していたのは，「情緒の世界」から生れる数学の具体的な事例を目撃したいということでした．岡先生の論文集はまちがいなく具体例になっていますし，そのことは一読してすぐにわかりました．岡先生は御自身の数学研究の実際の姿をもって，「情緒の数学」のいかなるものかを語っているのですが，ぼくが念願したのは，「もうひとつの事例」を見ることで，それが古典研究の唯一の動機になりました．

　古典研究も30年余になりますが，ヨーロッパの近代はさすがに数学の発祥の地であるだけに，岡先生のような「偉大な数学者」が幾人も目に映じます．デカルト，フェルマ，パスカルあたりからはじめて指を折っていくと，ライプニッツ，ニュートン，ベルヌーイ兄弟（兄のヤコブと弟のヨハン），オイラー，ラグランジュと続き，それからガウスが登場します．ガウスから先は19世紀を経て20世紀に及びますが，アーベル，ヤコビ，アイゼンシュタイン，ディリクレ，リーマン，ヴァイエルシュトラス，クンマー，クロネッ

264

あとがきにかえて

カー，エルミート，ポアンカレ，ヒルベルトと華やかな名前が並びます．数学のいかなるものかを知ろうと望むのであれば，これらの人びとのすべての作品を読破しなければならないのですが，言うは易く，行うは難し．一代でなしうる作業ではありません．

いずれ機会を見て古典研究の日々を回想してみたいと思いますが，「情緒の数学」に話をもどしますと，この日で見たいと念願した「もうひとつの事例」をガウスの数論の中にまざまざと見ることができました．同様の事例はほかにもきっと存在することと信じます．

ゲーテはニュートンの光学に抗して独自の色彩論を書き綴り，その色彩論がこれからどのように受容されることになるのか，ヨーロッパの未来はその一点にかかっていると考えていたそうですが，岡先生の「情緒の数学」についても同じことが言えそうです．これはこれでひとつの大きな問題を形成していますので，思索を重ねていくと数学を超えてしまいそうです．

18 日の日曜日に津田塾大学でお会いしましょう．再会を楽しみにしています．

(平成 21 年 10 月 1 日)

＊

ゴローさんというのは飛弾五郎さんのことで，岡潔先生を敬愛する文学者です．四国今治の出身で，笈を負って上京して早稲田大学に学び，在学中は山岳部に所属したとうかがいました．平成 21 年 10 月 17，18 日の両日，津田塾大学の数学計算機科学研究所において第 20 回目の数学史シンポジウムが開催されましたが，それに先立ってお便りをいただきました．20 年ほど前，岡潔先生の評伝を書くためにフィールドワークの日々を重ねていたおりに東京の郊外の羽村で知り合って，それから折に触れて会話を重ねてきましたが，平成 27 年 7 月 28 日に病気のため急に亡くなりました．

ゴローさんとの会話では，文芸の創作が創造の芸術なら，批評の本質は何

265

落穂拾い——ゴローさんへの手紙

だろうということがしばしば話題になりましたが，小林秀雄の批評は再現芸術であろうというところに落ち着いたことがあります．岡先生のいう「情緒の数学」というのは「無から有を生む」発見の相を語っているのですが，数学が創造の芸術であるならば，数学史の本質は再現芸術であろうと思います．このあたりは作曲家と指揮者の関係にとてもよく似ています．本書では広大な数学の流れの中からごくわずかな事例にしか触れられませんでしたが，よい折を見て数学史全体に事例を求めて情緒の数学と数学史を詳細に語ってみたいと念願しています．

　平成 28 年 12 月 1 日

高瀬正仁

索　引

●人名索引

あ

アーベル　93, 106, 120 125-127, 133-135, 156, 162, 164, 166, 172, 173, 176, 179, 183, 185

アイゼンシュタイン　138, 163, 228

ヴァイエルシュトラス　20, 41, 80, 82, 88, 89, 120

ヴェイユ（アンドレ）　88

ウェーバー（ハインリッヒ）　19, 138

ヴォルテラ　118

エネストレーム（グスタフ）　98, 124

エルミート　199

オイラー　9, 44, 56, 57, 75, 90, 105, 112, 119, 121, 123, 129, 142, 144, 150-152, 155, 156, 161

岡潔　19, 81, 88, 123

か

ガウス　95, 99, 124, 128, 132, 133, 135, 136, 140, 158, 159, 165, 167, 168, 179-181, 183, 189

カルダノ　127

ガロア　93, 135, 136, 138, 162, 168

カントール　41, 197

クレルレ　173, 176, 177, 179

クロネッカー　18, 134, 138, 166

クンマー　138

ゲーデル（クルト）　196, 197

ゲーペル　89

コーエン（ポール）　196, 197

コーシー　25, 27, 41, 44, 45, 47, 48, 61, 62, 76, 77, 86, 101, 108, 110, 119, 186

小林秀雄　192

さ

シュヴァリエ（オーギュスト）　136

シューマッハー　175

シロー　173

た

高木貞治　19, 72, 117, 120, 163, 175, 185, 215

玉城康四郎　222

ダランベール　44

ディオファントス　35, 94

ディリクレ　8, 27, 58, 69, 75, 77, 120, 138, 177

デカルト　57, 89, 165

デデキント　4, 26, 41, 45, 82

トゥルレン　234

な・は

ニュートン　92, 159

ハイネ　41

ハインリッヒ　→　フス（ハインリッヒ）

ハルトークス　244

ヒルベルト　19, 23, 138

ファニャノ　105, 140, 142, 144, 148-151, 156, 161, 166, 174, 230

フーリエ　26, 50, 77

フェルマ　57, 91, 94, 157-159

267

索　引

藤原松三郎　235
フス（ニコラウス）　123
フス（ハインリッヒ）　124, 125
ペアノ　23
ベル（ジョン）　99
ベルヌーイ兄弟　33, 34, 57, 62, 140, 231, 249
ベルヌーイ（ヤコブ）　111, 142, 232
ベルヌーイ（ヨハン）　56, 57, 66, 142, 150, 233
ベンケ　234
ポアンカレ　199, 238
ホルンボエ　120, 172, 183

ま・や

メンケ（オットー）　141
ヤコビ　30, 89, 106, 125, 136, 163, 183, 187, 188

ヤコブ　→　ベルヌーイ（ヤコブ）
ユークリッド　148, 149
ヨハン　→　ベルヌーイ（ヨハン）

ら・わ

ライプニッツ　33, 34, 57, 62, 142, 231
ラグランジュ　9, 26, 35, 37, 41, 62, 81, 89, 95, 127, 128, 135, 150, 159, 168
リー　173
リーマン　20, 26, 27, 30, 46, 61, 68, 75, 77, 82, 88, 89, 120
ルジャンドル　35, 82, 89, 129, 132, 157-159, 163, 180, 185, 186, 188, 189
レビ　244
ローゼンハイン　89
ロピタル（公爵）　35, 66
ワイル（ヘルマン）　83

索　引

●事項索引

あ

アーベル関数　26, 30, 82

「アーベル関数の理論」　20, 81

アーベル積分　26, 30, 82, 86, 156

　　── 論　26

『アーベル全集』　172

アーベルの加法定理　163, 175, 189

アーベルの定理　156

アーベル方程式　134, 135, 138, 166, 167, 175, 180, 183

アリトメチカ　35, 94

『アリトメチカ』　35, 94

『アリトメチカ研究』　21, 35, 99, 124, 126, 128, 132, 134, 135, 139, 140, 167, 168, 171, 181, 182, 186, 225, 228

アルキメデスの原理　38

アルキメデスの螺旋　90

「ある種の超越関数の二, 三の一般的性質に関する諸注意」　→　「諸注意」

「ある特別の種類の代数的可解方程式の族について」　134

イソクロナ・パラケントリカ　140, 143, 231

一様連続性　65

1価対応　16, 43, 61

　　集合から集合への ──　49

『1個の複素変化量の関数の一般理論の基礎』　20, 68, 81

一般等分方程式　164

イプシロン＝デルタ論法　4, 50, 52, 60, 61, 64, 69, 77, 222

ヴァイエルシュトラスの定理　38, 40

エネストレームナンバー　98, 124

円関数　171

円周等分方程式　133, 165

　　── 論　167, 181, 183

円周率　4

オイラー積分　26, 82, 180

オイラーの加法定理　163

オイラーの公式　165

オイラーの第1の関数　13

オイラーの第3の関数　15

オイラーの第2の関数　13

オイラーの連続関数　20, 21, 24, 26, 27, 30, 46, 68

か

『解析概論』　60, 72, 78, 117, 118, 215

解析学3部作　119

解析学の厳密化　41

解析関数　20, 32, 72

『解析関数の理論』　35, 37, 81

『解析教程』　25, 27, 47, 48, 61, 64, 76

解析接続　20, 74

解析的延長　74

解析的表示式　10, 57, 75

ガウスの和　168, 226

『科学の価値』　238

『学術論叢』　141

カテナリー　90

ガロア理論　138, 167

関数　8

完全に�
意の関数　30, 61, 77

擬凸状の領域　244

逆接線法　34, 67

曲線の解析的源泉　90

『曲線の理解のための無限小解析』　35, 66, 121

虚数乗法論　156, 174, 183

269

索　引

近似の問題　88, 243
『近世数学史談』　120, 163, 185
区間縮小法　38
クザンの問題　88, 243
『クレルレの数学誌』　162, 173
クロネッカーの青春の夢　18, 215
原始関数　60, 116, 117
『原論』　148, 149
高次冪剰余相互法則　157
合同式　158
コーシー＝リーマンの微分方程式　72
コーシー＝リーマンの和　5, 24, 36, 60, 115
混合曲線　17

━━━━━━ さ ━━━━━━

サイクロイド　23, 90, 230
『さまざまな位数の超越物と求積法に関
　する積分計算演習』　180, 185
三角関数　13
　── の加法定理　154
三角級数　50
指数関数　12
次数 4 の相互法則　225
自然存在域　75
実数の連続性　6, 9, 38
周期等分方程式　164, 166, 183
巡回方程式　133, 165, 183
『春宵十話』　198, 205, 213, 214
『純粋数学と応用数学のためのジャーナ
　ル』→『クレルレの数学誌』
純粋方程式　133
上空移行の原理　236
「省察」　95, 97, 127, 128
「諸注意」　162, 187
「数学に於ける主観的内容と客観的形式

とについて」　218
『数学日記』　95
『数とは何か，何であるべきか』　4
『数の理論のエッセイ』　129
『炭俵』　241
正則関数　32, 72
正多角形の作図問題　148
積分計算　35, 102
『積分計算教程』　56, 66, 119
積分定数　101
積分法　35
線型的形状　160
側心等時曲線　→　イソクロナ・パラケ
　ントリカ
素数の形状理論　159, 160

━━━━━━ た ━━━━━━

第 1 の関数　76
第 1 種逆関数　107
第 1 種楕円積分の逆関数　106, 156, 163
第 3 の関数　76
対数　13
　── 関数　12
代数解析　34
「代数学の基本定理」　128, 132
『代数学への完璧な入門』　97
代数関数　11, 22, 83, 86, 89, 90
　── 論　26, 82
代数曲線　22, 89
代数的演算　11, 93
代数的整数論　95
代数的積分　104, 145, 153
代数的な関数　11
第 2 種の楕円積分　108
第 2 の関数　76

270

索　　引

楕円関数　106, 163, 182
　「―― 研究」　107, 125, 140, 156, 164
　『―― とオイラー積分概論』　82, 180, 185
　―― の加法定理　164
　―― の等分理論　164
楕円積分　105-107, 180
　―― の加法定理　161
　―― の等分理論　161
『多複素変数関数の理論』　234
多変数関数論　19, 88, 123
超越関数　11, 86, 90
超越曲線　89
超越的演算　11
調和級数　111
直角三角形の基本定理　157-159, 161
底　13
ディオクレスのシソイド　23
ディリクレの関数　8, 15, 46, 49, 52
ディリクレの原理　238
定量　10
『天文報知』　175
導関数　113
等時曲線　230
トラクトリックス　90

░░░░░░░░░ な ░░░░░░░░░

ニコメデスのコンコイド　23
2次形式の種の理論　168
「2頁の大論文」　163, 175
『人間の建設』　192, 214, 241
熱伝導方程式　77

░░░░░░░░░ は ░░░░░░░░░

バーゼルの問題　112

俳諧七部集　241
倍角の公式　164
「パリの論文」　156, 162, 179, 184, 186, 187, 189
ハルトークスの逆問題　19, 234, 236, 237, 239, 243, 244, 246-248
ハルトークスの連続性定理　245
『春の草―私の生い立ち』　217
微積分の基本定理　67, 116, 219
微分計算　35, 102
『微分計算教程』　58, 62, 63, 66, 119
微分積分法の基本公式　117　→　微積分の基本定理
微分法　35
ヒルベルト曲線　22
ヒルベルトの第12問題　172
フーリエ解析　29, 50
フーリエ級数　29, 50, 70, 77
フェルマ素数　165, 166, 183
「不可能（であること）の証明」　93, 100, 126-128, 133, 138, 164, 167, 177, 180, 189, 219
複素多様体　83
フスナンバー　124
不定域イデアル　236
「不定解析研究」　129
不定積分　116, 117
ペアノ曲線　22
平均値の定理　24
平方剰余相互法則　129, 130, 132, 157, 168, 170, 171, 225, 226
　―― の第1補充法則　130, 157, 159, 161, 225
　――（の）第2補充法則　131, 157, 225
平方的形状　160

索　引

ペルの方程式　99
変化量　10
変換理論　188
「方程式の代数的解法の省察」→「省察」

ま

マゼラン海峡　185
無限解析　34
『無限解析序説』　11, 16, 47, 57, 66, 119, 121
無限小　62
　── 解析　6, 35
『無限小計算に関してエコール・ポリテ
　クニクで行われた講義の要約』　36
モジュラー方程式　183

や

ヤコビの逆問題　26, 82, 87, 88, 163
有理数の切断　4, 45
4 次剰余（の）相互法則　170, 171, 225, 226,
　228, 230, 233, 237
4 次剰余の理論　225

ら

『ライプニッツ数学手稿』　142
リーマン球面　84

リーマン積分　86
リーマンの「関数」　71
「リーマンの定理」　238
リーマン面　20, 75, 83, 86
『リーマン面のイデー』　83
離心率　108
類体論　138, 157, 159, 215
歴史的主観　150
レビの問題　88, 243, 244
レムニスケート　23
　── 関数　154, 156, 163, 166, 170, 171, 181
　── 関数の加法定理　154, 181
　── 曲線　107, 140, 143, 144, 148, 150, 151,
　　166, 183, 230, 232, 233, 249
　── 積分　106, 139, 140, 142, 143, 145, 149,
　　152, 156, 162, 163, 168, 181, 228, 230
　── 積分の加法定理　152, 156, 182
連続関数　16, 48, 115
　── の定積分　115
連続曲線　16, 21
『連続性と非有理数』　4
連続体仮説　196, 197
ロールの定理　24, 40
ロピタルの定理　40

高瀬正仁（たかせ・まさひと）
昭和 26 年，群馬県勢多郡東村（現在，みどり市）に生れる．数学者，
数学史家．専門は多変数関数論と近代数学史．歌誌「風日」同人．
著書：『紀見峠を越えて　岡潔の時代の数学の回想』（萬書房，平成 26
年），『とぼとぼ亭日記抄』（萬書房，平成 28 年），『リーマンと代数関数
論　西欧近代の数学の結節点』（東京大学出版会，平成 28 年）他．訳書：
『ガウス整数論』（朝倉書店，平成 7 年），『オイラーの無限解析』（海鳴社，
平成 13 年），『ヤコビ　楕円関数原論』（講談社，平成 24 年）他．

発見と創造の数学史

情緒の数学史を求めて

2017 年 2 月 10 日初版第 1 刷発行

著　者	高瀬正仁
装　幀	臼井新太郎
発行者	神谷万喜子
発行所	合同会社　萬書房

〒 222-0011 神奈川県横浜市港北区菊名二丁目 24-12-205
電話 045-431-4423　　FAX 045-633-4252
yorozushobo@tbb.t-com.ne.jp　　http://yorozushobo.p2.weblife.me/
郵便振替 00230-3-52022

印刷製本　中央精版印刷株式会社

ISBN978-4-907961-10-7　C0040
ⓒ TAKASE Masahito 2017, Printed in Japan
乱丁／落丁はお取替えします．
本書の一部あるいは全部を利用（コピー等）する際には，著作権法
上の例外を除き，著作権者の許諾が必要です．

萬書房の本

紀見峠を越えて　岡潔の時代の数学の回想
高瀬正仁著
四六判上製二七二頁／本体価格三三〇〇円

とぼとぼ亭日記抄
高瀬正仁著
Ｂ六変形判上製一七六頁／本体価格一六〇〇円

尾崎翠の感覚世界
《附》尾崎翠作品「第七官界彷徨」他二篇
加藤幸子著
四六判上製二五六頁／本体価格二三〇〇円